欧洲花艺名师的创意奇思

材料 + 技术

【比利时】《创意花艺》编辑部 编　　王春玲　王春能 译

欧 洲 花 艺 名 师 的 创 意 奇 思

材料+技术

【比利时】《创意花艺》编辑部 编　王春玲　王春能 译

中国林业出版社
China Forestry Publishing House

FLEUR CRÉATIF Special
欧洲花艺名师的创意奇思
材料 + 技术

图书在版编目（CIP）数据

欧洲花艺名师的创意奇思：材料 + 技术 / 比利时《创意花艺》编辑部编；王春玲，王春能译 . -- 北京：中国林业出版社，2020.7

书名原文：Fleur Creatif Spring 2020，FleurCreatif @ home Special Spring 2020

ISBN 978-7-5219-0685-1

Ⅰ . ①欧⋯ Ⅱ . ①比⋯ ②王⋯ ③王⋯ Ⅲ . ①花卉装饰 – 装饰美术 Ⅳ . ① J535.12

中国版本图书馆 CIP 数据核字（2020）第 129323 号

著作权合同登记号　图字：01-2020-2041

责任编辑：	印 芳　王 全
电　　话：	010-83143632
出版发行：	中国林业出版社
	（100009 北京市西城区德内大街刘海胡同 7 号）
印　　刷：	北京雅昌艺术印刷有限公司
版　　次：	2020 年 10 月第 1 版
印　　次：	2020 年 10 月第 1 次印刷
开　　本：	787mm×1092mm 1/16
印　　张：	12
字　　数：	260 千字
定　　价：	98.00 元

让**日常**
变得**与众不同**

　　如果想把日常的居家环境换个样儿，花艺是最便捷的方法。

　　"可是，除了瓶插，还是瓶插，怎样才能赋予空间插花新的玩法？"这本欧洲花艺名师的妙想奇思的作品定能为你带来灵感。他们利用身边最普通的日常物品，比如干枝枯草，用他们灵巧的双手，赋予花艺新的生命，让哪怕是要被我们丢弃的废弃物，也能重新焕发勃勃生机。

　　材料＋技术，是赋予花艺新动能的法宝。深入了解材料，学习基础的花艺技巧，就能让花艺千变万化，创意独特。

　　在本书中，透过花艺师的妙想奇思，我们将充分领略春季和夏季的魅力。四季的奇妙之处在于，自然界中生命的每一个阶段都在周而复始的循环，从出生到盛开，直到死亡和毁灭，然后周而复始……春天的颜色是淡雅的，鲜花也是精致清新的。典型的春季花卉具有柔和的色彩。夏天是明艳的，充满温暖的色彩。

　　春天意味着复活节到来了，所以有花卉装饰的复活节彩蛋是必不可少的。玫瑰是一年四季都有的花材，但是由于其绚丽的颜色和天生丽质，它们在春季也是十足的视觉焦点。贝母颜色含蓄，但也有美丽的深色调；鸢尾则呈现出明亮的蓝紫色。"高柱上的花巢"中将创意与春季流行色彩相结合。蓬勃的蓝色、天真的橙色、绽放的薰衣草色、激情的珊瑚色和稚嫩的玫瑰红，强调了春季的柔美、天然、自发和俏皮。而新颖的餐桌布置，将激发我们组织花艺派对的热情，并全面了解最新趋势。

　　来吧，一起动手，享受这些快乐而富有创造力的时刻，让我们的日常变得与众不同！

编者

2020.08

目录

安尼克·梅尔藤斯
Annick Mertens

- 012 花朵点缀的鸟巢
- 014 亮丽的春季花束
- 016 家庭自制的花朵巨蛋
- 018 复活节午餐
- 020 盛开的花毛茛

- 022 春季装满欢乐的亚麻花瓶
- 024 七彩绽放
- 026 柔弱的春花

乔里斯·德·凯格尔
Joris de Kegel

- 028 欢迎来到春季
- 030 漂浮的玻璃花瓶
- 032 绿沙
- 033 装满鲜花的篮子
- 034 坚强与柔弱
- 035 在铺着鹌鹑蛋的花床上盛开
- 036 行走的鸟巢

马丁·默森
Martine Meeuwssen

- 040 在草垫上孵化
- 042 狼尾草怀抱中的白色飞燕草
- 044 开胃酒与天使的翅膀
- 046 盛满玫瑰的碗
- 048 春季的生日花束
- 049 明媚与俏皮
- 050 动人的花毛茛组合
- 051 蕾丝织品与花
- 052 清澈的蓝色

Contents

夏洛特·巴塞洛姆
Charlotte Bartholomé

- 054　浪漫的春季
- 056　漂浮感设计的郁金香生日桌花
- 058　被托起的花巢
- 059　三角支架上的花束
- 060　梦幻的春季
- 062　花锥
- 063　早餐桌上的新月
- 064　裹在毛毡里的小花饰

- 066　板上花
- 067　与设计师搭调的玫瑰花束

阿诺德·德尔海耶
Arnauld Delheille

- 070　粗麻布的簇拥中
- 072　双圆形花饰
- 073　夏季的海星
- 074　大丽花颂
- 076　在西红柿的环绕中
- 078　来自洋葱的灵感
- 080　自花园新鲜采摘

安尼克·梅尔藤斯
Annick Mertens

- 082　贝壳花瓶带来色彩
- 084　暖心的吧台装饰
- 086　别致的百合
- 088　编织的亚麻

- 090　桌上的夏花
- 091　粉红的玫瑰

目录

夏洛特·巴塞洛姆
Charlotte Bartholomé

- 094 欢迎来到花园
- 096 激发灵感的菜园
- 098 悬挂的创意
- 099 粉色调色篮
- 100 紫色树枝之间
- 102 鲜花绽放的蘑菇
- 104 丰盛的收获
- 106 可爱的下午茶
- 108 西瓜带来的灵感

尚塔尔·波斯特
Chantal Post

- 110 魔法餐桌
- 112 用黄色点亮夏天
- 114 花艺蜡烛
- 116 明媚、夏意与柔和
- 117 令人耳目一新的瀑布
- 118 与壁纸相协调
- 120 夏日花巢

安·德斯梅特
Ann Desmet

- 124 蜜桃色玫瑰花环
- 126 玫瑰和贝壳花盘
- 128 浪漫墙饰
- 130 装满亮色玫瑰的花园篮子
- 132 钟罩内的纯白色铁筷子

艾默里克·乔奇
Aymeric Chaouche

- 134 '赤目'玫瑰和'橘眼'玫瑰与跳舞的洋桔梗
- 136 鲜橙色调
- 138 羊毛花床上的别致花朵
- 140 明艳的春日花束

席琳·莫罗
Céline Moureau

- 142 桌上色彩柔和的玫瑰
- 144 雪山玫瑰花蛋
- 145 在菜豆的环抱中
- 146 硕果累累

盖特·帕蒂
Geert Pattyn

150　优雅的波斯贝母
152　发芽的春枝
154　三色堇从蛋里探头张望
156　装满花毛茛蛋的花巢

莫尼克·范登·贝尔赫
Moniek Vanden Berghe

158　摇曳的贝母
160　装饰性和趣味性
162　清新活泼的花朵圆圈
164　蓝色春天

拉尼·加勒
Rani Galle
弗雷德·维拉赫
Fred Verhaeghe
米克·霍夫克
Mieke Hoflack
马丁·默森
Martine Meeuwssen
卡蒂亚·吉尔梅特
Katia Gilmet
贝诺特·范登德里舍
Benoit Vandendriessche

168　装满蓝色鸢尾的苔藓花瓶

170　在红瑞木怀抱里
172　旋转的西番莲枝
174　景天和彩蛋的多彩组合
176　脆弱性
178　触及天堂
179　坚固树干上的纤弱铁筷子
180　在树脂中永生
181　金枝梾木花朵中央的铁筷子

EMC 专栏春季创意
FLOOS 专栏

184　撞色花环
185　特殊的花环
186　丰裕之角
189　鲜花爆炸

190　设计师介绍

P.012

聚焦春日里的
蛋和鸟巢

安尼克·梅尔藤斯
Annick Mertens

安尼克在春季受到大自然——尤其是鸟类的启发。鸟类在春季来临时筑巢。它们寻找一棵树来筑巢或直接找到一个鸟窝以安全地产卵。那些温馨的乡村小屋的花园是它们筑巢的理想选择。

表达。
好客之情

乔里斯·德·凯格尔
Joris de Kegel

P.028

乔里斯选择了位于登·奥特自然保护区佛兰芒·阿登（Flemish Ardennes）入口处的一家民宿酒店『Dotter17』。这里的吸引人之处在于它的舒适、温馨和纯粹的放松。热情好客是此次花艺设计的主题。牡丹和花毛茛为其增加了欢迎的温暖氛围。

材料技巧：麻布——捆扎＋胶合

难度等级：★☆☆☆☆

花朵点缀的鸟巢

花艺设计／安尼克·梅尔藤斯

材料 *Flowers & Equipments*

各种春季野花

麻布、玻璃瓶、墙纸胶或木材用胶、试管、胶带

步骤 *How to make*

① 将嫩绿色粗麻布剪碎，然后用墙纸胶或木材用胶将其粘在空酒瓶上。

② 在酒瓶外捆扎一排试管，然后用胶带将其粘在瓶子上。

③ 最后，用麻布盖住试管。

④ 在试管中插入色彩欢快的春季的野花。

小贴士：这是可以与您的孩子或孙辈们一起动手做的有趣活动。

材料技巧：麻布+麻绳——捆扎
难度等级：★☆☆☆☆

亮丽的春季花束

花艺设计 / 安尼克·梅尔藤斯

材料 *Flowers & Equipments*
郁金香、贝母、钢草
麻布、麻绳

步骤 *How to make*

① 用花材做成一束漂亮的花束。
② 捆扎花束，并用一块粗麻布材料和粗麻绳装饰。

家庭自制的花朵巨蛋

材料技巧：麻绳 + 蛋壳——辫 + 缠卷

难度等级：★★☆☆☆

花艺设计／安尼克·梅尔藤斯

步骤 How to make

① 用手指将麻搓成麻绳。
② 将麻绳连接在一起，并用它制成一个蛋形的巢。
③ 在蛋形巢的中间留一个开口，在其中放置一个花瓶。
④ 在花瓶中装满郁金香、一些球兰枝条和一些干草。

材料 Flowers & Equipments

郁金香、球兰、稻草
麻绳、蛋、花瓶

fleurcreatif | 017

材料技巧：麻绳＋蛋壳——缠绕＋编织

难度等级：★★☆☆☆

复活节午餐

花艺设计 / 安尼克·梅尔藤斯

材料 *Flowers & Equipments*
花毛茛、水仙、银莲花、欧洲荚蒾、勿忘我
花泥棒、麻绳、一半的空蛋壳

步骤 *How to make*

① 用粗麻绳遮住碎花泥。如果用手指编织麻绳,会得到一个美观的图案。
② 在顶部,将一半的蛋壳放在你摆放鲜花的位置。

盛开的花毛茛

材料技巧:地锦枝条＋木碗——编织＋钻孔

难度等级:★★★☆☆

花艺设计\安尼克·梅尔藤斯

步骤 How to make

① 在木碗上按照等距钻一些数量不等的孔,切记要缓慢钻孔并倾斜一定角度,以免钻漏盘子。
② 将15cm长的铁丝插入孔中,并用胶水固定。
③ 然后在其周围编织五叶地锦的枝条,要以格栅的方式编织,前后交替排列。
④ 将铁丝向内弯曲到所需的高度,全部固定住。
⑤ 将带有托盘的花泥放在中间,然后将乳白色的花毛茛插入其中做好造型。

小贴士: 可以多做几只大小不一的花碗,成组布置。

材料 Flowers & Equipments

乳白色的花毛茛、五叶地锦枝条
木碗、钻、花艺铁丝、带托盘的花泥

fleurcreatif | 021

材料技巧：亚麻细屑＋塑料杯——胶合

难度等级：★★☆☆☆

春季装满欢乐的亚麻花瓶

花艺设计 / 安尼克·梅尔藤斯

步骤 *How to make*

① 在一个做成锥形的泡沫塑料干花泥上涂满墙纸胶，然后将其倒置插入花束棒中。
② 将去掉杯脚的塑料香槟杯粘在锥体上。从顶部的 4 个香槟杯开始粘贴。
③ 用墙纸胶或木材用胶将亚麻碎屑粘合到塑料香槟杯上。这样做几次。使其保持干燥至少 4 个小时。
④ 在顶部放一个复活节鸟蛋巢（可根据季节决定是否放置）。向香槟杯注水，插入花朵。

小贴士： 你也可以在香槟杯中装入一些糖果，与朋友边吃边聊。

材料 *Flowers & Equipments*

欧洲荚莲、绣线菊
做成锥形的泡沫塑料、墙纸胶带、花束棒、香槟塑料杯（去掉杯脚）、亚麻细屑、墙纸胶

材料技巧：纸板＋亚麻细屑——胶合＋刺孔

难度等级：★★☆☆☆

七彩绽放

花艺设计 / 安尼克·梅尔藤斯

材料 Flowers & Equipments
郁金香、水仙、飞燕草、贝母、非洲菊、玫瑰、洋甘菊、西洋蓍草、牛眼菊、紫罗兰、羽衣草 纸板、铁丝、亚麻细屑、墙纸胶或木材用胶

步骤 How to make

① 切成两条长度和宽度相等的硬纸板。
② 在其上粘几层亚麻碎屑。
③ 用 5 根铁丝固定住纸板。
④ 用以上花材做成花束。

材料技巧：蛋壳——胶合

难度等级：★☆☆☆☆

柔弱的春花

花艺设计 / 安尼克·梅尔藤斯

材料 *Flowers & Equipments*
绣线菊、欧洲荚蒾
凤头麦鸡蛋（可替换为鹌鹑蛋）、塑料
小试管、塑料香槟酒杯的杯脚、热熔胶

步骤 *How to make*

① 用塑料香槟杯的杯脚和塑料小试管制成小花瓶。
② 将它们粘在木盘上。
③ 用绣线菊、凤头麦鸡蛋和欧洲荚蒾等填充它们。

小贴士：用此方法制作长形餐桌的中心花束非常经济实惠。

欢迎来到春季

材料技巧：柳条篮—胶合
难度等级：★★☆☆☆
花艺设计／乔里斯·德·凯格尔

步骤 How to make

① 将花泥环切成两半。
② 将一半花泥环粘到柳条篮的内部。
③ 将绣球和常春藤插在花泥环上。
④ 确保常春藤紧贴篮子的边缘。
⑤ 用其他花材点缀。

材料 Flowers & Equipments

粉色牡丹、绣球、常春藤、绿色须苞石竹、小苍兰
圆形柳条篮、花泥环、胶枪

材料技巧：树枝——涂漆＋胶合＋绑扎

难度等级：★★☆☆☆

漂浮的玻璃花瓶

花艺设计 / 乔里斯·德·凯格尔

> **材料** *Flowers & Equipments*
>
> 苹果枝条、各种类型的石莲花、花毛茛、铁线莲、铁筷子、欧洲荚蒾
>
> 木质容器、白漆、胶枪、墙纸胶、装饰石块、玻璃花瓶、绑扎线

步骤 *How to make*

① 将容器和树枝涂成白色。
② 用胶枪将树枝粘到容器上。
③ 用墙纸胶覆盖容器的底部。
④ 将装饰性石块粘到墙纸胶上。
⑤ 修剪石莲花的根。
⑥ 将石莲花插入容器中的树枝之间。
⑦ 用绑扎线将玻璃花瓶固定在树枝上。
⑧ 将鲜花放在水瓶中。

材料技巧：木盘 + 彩色沙子——胶合

难度等级：★★☆☆☆

绿沙

花艺设计 / 乔里斯·德·凯格尔

步骤 How to make

① 用胶枪将玻璃花瓶粘在木盘上。
② 在玻璃花瓶和木制圆盘的部分位置涂墙纸胶（要盖住胶枪的胶）。
③ 将彩色的沙子撒在墙纸胶上。
④ 让以上装置干燥并清除多余的沙子。
⑤ 将花插入水瓶中。

材料 Flowers & Equipments

木盘、不同颜色的花毛茛、铁线莲、落新妇
胶枪、墙纸胶、不同规格的玻璃瓶、彩色沙子

材料技巧:草篮子——涂漆

难度等级:★☆☆☆☆

装满鲜花的篮子

花艺设计 / 乔里斯·德·凯格尔

> **材料** *Flowers & Equipments*
> 粉色牡丹、落新妇、莳萝(或蕾丝花)、铁线莲、耧斗菜、北美白珠树叶片
> 草篮子、桶

步骤 *How to make*

① 将桶装满水,然后将其放入篮中。
② 在桶中塞满北美白珠树叶片。
③ 在叶子之间布置花朵。

材料技巧：木盘——钻孔+绑扎+涂漆

难度等级：★★★☆☆

坚强与柔弱

花艺设计 / 乔里斯·德·凯格尔

材料 Flowers & Equipments

不同大小的桦树切片木盘、欧洲荚蒾、花毛茛、多品种混合的迷你蝴蝶兰

平头钉、白漆、玻璃花瓶、绳子、钻

步骤 How to make

① 用钉子将桦木盘相互固定，做出坚实的垂直整体。
② 在木结构的中间位置水平地把钉子完全钉入。
③ 在另一侧重复此操作。
④ 沿着钉好的木盘结构的两面在钉子的高度画一条水平的白线。
⑤ 用绳子将玻璃花瓶固定在钉子上。
⑥ 将鲜花插入水瓶中。

材料技巧：蛋壳＋木条——连接

难度等级：★☆☆☆☆

在铺着鹌鹑蛋的花床上盛开

花艺设计 / 乔里斯·德·凯格尔

步骤 *How to make*

① 将花瓶放入木制容器中。
② 将碎的鹌鹑蛋壳撒在花瓶之间。
③ 将花毛茛和铁线莲自然无规则地放入花瓶中。

材料 *Flowers & Equipments*

各种颜色的花毛茛、铁线莲
木质容器、玻璃花瓶、鹌鹑蛋壳

材料技巧：树干＋干草＋铁丝＋树皮＋蛋壳＋羽毛——钻孔＋弯折＋缠绕＋胶合

难度等级：★★☆☆☆

行走的鸟巢

花艺设计／乔里斯·德·凯格尔

> **材料** *Flowers & Equipments*
> 花毛茛、欧洲芙蓉、绿色须苞石竹、横树干、提前做好的装有金属腿的鸟巢、钉子、胶枪、树皮、鹌鹑蛋壳、羽毛、花泥

步骤 *How to make*

① 将钉子钉入木块的侧面。
② 把钉子周围的横树干包裹起来。
③ 将鸟巢粘在木头上。
   小贴士：您也可以自己用稻草做鸟巢。
④ 用花泥填充鸟巢。
⑤ 将花插入花泥中。
⑥ 用一些鹌鹑蛋壳和羽毛完成布置。

P.040 友好的**聚会**

马丁·默森
Martine Meeuwssen

当马丁和她的朋友兼同事希尔德·豪特迈耶斯（Hilde Houtmeyers）在带花园的现代风格别墅中度假时，她想到了这些春季创新设计的灵感。

和朋友一起度过美好的时光，可能是享受一杯饮料，吃一些开胃菜或只是欣赏美丽的花园和鲜花。

当然，哪少得了带上美丽的花束作为礼物呢？

P.054 光线与**浅色**

夏洛特·巴塞洛姆
Charlotte Bartholomé

对于夏洛特来说，春季的设计与光线和淡雅的浅色密不可分。在女主人的生日聚会上，夏洛特为聚会餐桌设计了美丽的郁金香春季主题花艺。生日女主角本人戴着花冠头饰。欢快而淡雅的花艺设计为现代家居带来了完美的春季氛围。

在草垫上孵化

材料技巧：蛋壳 + 藓类 —— 拉丝 + 钉合

难度等级：★★☆☆☆

花艺设计／马丁·默森

步骤 How to make

① 将香蒲叶穿过剑山使其被拉成细丝。
② 将细丝状的香蒲叶钉在饼形的花泥上，排列并整理叶片做造型，得到一个草垫花环。
③ 将鸡蛋壳填充在花环中间。
④ 在鸡蛋壳中填充白发藓。
⑤ 用您选择的花朵装饰，完成插花。

材料 Flowers & Equipments

香蒲叶、白发藓、李花或樱花（天然或人造均可）
饼形的花泥、蛋壳、订书钉、剑山

材料技巧：木签+麻绳——缠卷+连接+编织

难度等级：★★☆☆☆

狼尾草怀抱中的白色飞燕草

花艺设计 / 马丁·默森

步骤 How to make

① 将长短不一的木签子缠上麻绳。
② 将木签子插入干草块，垂直方向（长的）和水平顶面（短的）都需要插放。
③ 将试管放在它们之间，以放置飞燕草和干草花穗。
④ 在试管中加水，然后插入花材。
⑤ 将草茎编织在一起。
⑥ 在底部（草皮块上方）和插花之间穿插布置一些桑树皮，完成作品。

材料 Flowers & Equipments

压实的干草块、桑树皮、带花穗的干草、飞燕草
长短不一的木签子、细麻绳、试管

材料技巧：树枝＋干草——缠卷＋钉合＋胶合＋钻孔

难度等级：★★★☆☆

开胃酒与天使的翅膀

花艺设计 / 马丁·默森

材料 Flowers & Equipments

玉兰树枝、狼尾草、虎眼万年青、翅葫芦种子

托盘、订书钉、半球形花泥（空心）、饼形的花泥、试管、墙纸胶、银色铁丝

步骤 How to make

① 用狼尾草做成小圆圈形状，然后将它们钉在半球形花泥上。
② 用墙纸胶涂抹整个球体，以确保全部草圈都固定到位。
③ 待造型干燥后，取下订书钉和球体。
④ 在造型中放置一个小的饼形的花泥，并用草圈覆盖住它的形状。
⑤ 小心地在造型上开孔，插入试管，插入万年青并注入水。
⑥ 为了加强造型，将其放置在玉兰树枝制作的框架中。
⑦ 将"天使之翼"（翅葫芦种子）粘在银色铁丝上，然后随机插入造型中。

材料技巧：泡沫球 + 手工纸——塑型 + 胶合

难度等级：★★★☆☆

盛满玫瑰的碗

花艺设计 / 马丁·默森

材料 Flowers & Equipments
一束玫瑰、满天星
泡沫塑料半球（空心）、试管、金属底座、花泥、锋利的刀子、胶枪、玻璃罐、手工纸

步骤 *How to make*

① 用锋利的刀对泡沫塑料半球进行划刻、刮擦，直到获得一定的纹理质感。
② 将球体放置在基座上。
③ 在较小的半球形中粘一个试管，装满水，然后插入一朵玫瑰花。
④ 在较大的球体中放入一块花泥。
⑤ 将满天星作为填充花材插入花泥中，然后插入玫瑰花束。
⑥ 将一些手工纸粘在小玻璃罐上。
⑦ 给小玻璃罐注满水，插入满天星和一朵玫瑰。
⑧ 多制作几组，并将它们排列成一个可爱的造型。

材料技巧：毛线——捆扎＋缠绕

难度等级：★★★★☆

春季的生日花束

花艺设计 / 马丁·默森

材料 *Flowers & Equipments*

飞燕草、翠雀花、金槌花、小盼草、玫瑰

花艺铁丝、棕色杜仲胶、彩色毛线、铁丝

步骤 *How to make*

① 将12根花艺铁丝涂满杜仲胶。
② 用这些铁丝做成底端聚拢、顶部形成张开的伞形架构。
③ 从中间开始用毛线缠绕它们，做成蜘蛛网一样的网状。
④ 将花朵、草和其他花材自然随机地插入结构中。
⑤ 用毛线缠绕铁丝接头处。
⑥ 在毛线边缘上粘一些深色的翠雀花。

材料技巧：木块+干草——缠绕

难度等级：★★☆☆☆

明媚与俏皮

花艺设计 / 乔里斯·德·凯格尔

材料 Flowers & Equipments

木块、铁筷子（干花）、牧草、染色干草、滨菊、金槌花、树枝 金属管

步骤 How to make

① 将树枝缠在一起，将它们塑造成花环。
② 将金属管放在花环下面，以便支撑花环，您会觉得花环是漂浮的。
③ 用干草和牧草填充花环，同时填充一些枝条。
④ 然后在它们之间自然地插入各种花材。
⑤ 用铁筷子干花装饰，完成作品。

材料技巧：蛋壳＋毛线＋木板——缠卷＋胶合

难度等级：★★★☆☆

动人的花毛茛组合

花艺设计／马丁·默森

材料 *Flowers & Equipments*

玉兰树枝、花毛茛
蛋壳、毛线、试管、粗铁丝、圆形木板、胶带

步骤 *How to make*

① 首先，用胶带将几根玉兰树枝固定到木板上。
② 用毛线缠绕粗铁丝，并将其弯曲成所需的形状。
③ 将铁丝缠到树枝上。
④ 将试管自然地悬挂在造型中并插入花毛茛，装入水。
⑤ 最后点缀上鹌鹑蛋壳和鸡蛋壳。

蕾丝织品与花

花艺设计／马丁·默森

难度等级：★★★★☆

材料技巧：铁环＋毛线＋羽毛——缠卷＋折叠＋胶合

步骤 How to make

① 用杜仲胶涂满铁环。
② 用白色毛线完全缠绕包裹环形的边缘，然后将毛线沿直径交错编织。
③ 将毛线缠绕包住花艺铁丝，将其折叠成螺旋状并将其放置在结构的中间，形成向外伸展的扇面，并确保造型美观。
④ 将架构整体放在盛水的玻璃托盘或碗上。
⑤ 将非洲菊插入造型中，确保茎插入水中。
⑥ 用花艺冷胶在架构较高处粘一些兰花。
⑦ 最后加入一些羽毛和白色泡沫球装点作品。

材料 Flowers & Equipments

白色非洲菊、黄色蝴蝶兰
铁环、玻璃托盘或碗、白色杜仲胶、花艺冷胶、毛线、花艺铁丝、羽毛、白色小泡沫球

材料技巧：麻布＋干草＋黏土——钉合＋黏合

难度等级：★★★☆☆

清澈的蓝色

花艺设计 / 马丁·默森

步骤 How to make

① 用麻布盖住泡沫塑料半球，然后用订书钉枪将其固定。这将使黏土更容易粘在上面。
② 将黏土涂在球上。
③ 从边缘开始（水平的）粘上狼尾草，按压入黏土中。
④ 用花泥填充半球体，然后插入飞燕草。
⑤ 在花丛中堆叠一些干草。

材料 *Flowers & Equipments*

自干黏土、狼尾草（干燥的）、飞燕草

麻布、订书钉、花泥、泡沫塑料半球

浪漫的春季

材料技巧：地锦枝条＋木碗──编织＋钻孔

难度等级：★★★☆☆

花艺设计／夏洛特·巴塞洛姆

材料 Flowers & Equipments

郁金香、康乃馨、西洋蓍草、澳蜡花、澳洲米花、柳叶形尤加利、纤枝稷（喷泉草）

铁圈、绑扎线、塑料移液管（锥形）、软木片、天然材质细线（麻绳）、葡萄藤绳

步骤 How to make

① 用尤加利和西洋蓍草、澳洲米花制作一个浅色的乡村风格花环。您可以使用绑扎线将绿色植物固定到铁圈上。
② 用细颗粒的软木片覆盖住移液管。
③ 制作一个金属丝小环，将其固定到花环上，并将其用作移液管的支撑。
④ 将移液管固定到花环上，插入花材。
⑤ 在花锥周围绑一些天然材质细线，并使其自然地悬吊作为细节装饰花环造型。

漂浮感设计的郁金香生日桌花

材料技巧：木片＋绳子＋绝缘板——塑型＋堆叠＋胶合＋捆扎

难度等级：★★★☆☆

花艺设计＼夏洛特·巴塞洛姆

步骤 How to make

① 从绝缘材料板上切下两个半圆。
② 在半圆形的弧面切一个缺口。
③ 将干燥的黄栌叶粘到半圆两侧。
④ 将染色的木条片沿半圆的弧贴好、固定。
⑤ 将树枝的两端绑在一起，形成小捆。
⑥ 将树枝放在两个半圆的凹槽中，以作为架构的支脚。
⑦ 布置玻璃试管，并将葡萄藤绳固定在树枝之间。
⑧ 将鲜花插入试管，调整花材的组合高低，使外观更自然。

材料 Flowers & Equipments

桦木树枝、郁金香、柳叶形尤加利、虎眼万年青、洋桔梗、大星芹、澳蜡花

绝缘材料板、白色干燥的黄栌叶（cobra leaf）、染色的木条片、深绿色葡萄藤绳、玻璃试管

被托起的花巢

花艺设计／夏洛特·巴塞洛姆

材料技巧：香蕉树皮＋绳子＋蛋壳＋贝壳——钻孔＋编织＋缠卷＋胶合

难度等级：★★★★★

步骤 How to make

① 将聚苯乙烯泡沫圈贴满双面胶，将香蕉树皮条粘贴在上面。
② 用刀预先在泡沫圈上钻孔，然后插入结香枝条。
③ 编织一些绳子，将其固定在枝条之间，形成架构。
④ 用热熔胶点式固定。
⑤ 在蛋壳中放一块塑料纸以放置花泥。
⑥ 将毛线、毛毡圈缠绕在花泥外。
⑦ 用鲜花装饰蛋壳。
⑧ 最后，将贝壳胶粘到编织的绳子上。

材料 Flowers & Equipments

澳蜡花、金槌花、万代兰、洋桔梗

干燥的香蕉树皮、结香枝条、聚苯乙烯泡沫圈、热熔胶、双面胶、细线、蛋壳、彩色的贝壳、塑料纸、毛线、毛毡

三角支架上的花束

难度等级: ★★☆☆☆

材料技巧: 麻布+木盘+软管——塑型+角铁+缠卷+弯折

花艺设计\夏洛特·巴塞洛姆

步骤 How to make

① 将软管切成三段以形成支腿。
② 将支腿压入塑料底盘的内边缘。
③ 用热熔胶将其固定。
④ 用麻布覆盖底盘和支腿。
⑤ 将支腿向外弯曲倾斜,使创作充满趣味。
⑥ 插入花材,完成作品。

材料 Flowers & Equipments

柳叶形尤加利、玫瑰、康乃馨、满天星、纤枝稷(喷泉草)、澳洲米花、洋桔梗、香豌豆
小圆盘形状花泥(作为花束的底盘)、彩色麻布、弹性塑料软管、热熔胶

材料技巧：木签＋干燥香蕉树皮＋绳子——塑型＋胶合＋堆叠＋刺孔＋缠卷

难度等级：★★☆☆☆

梦幻的春季

花艺设计 / 夏洛特·巴塞洛姆

> **材料** *Flowers & Equipments*
> 马蹄莲、万代兰、芙蓉花、玫瑰
> 聚苯乙烯泡沫半球、热熔胶、木签子、细绳、干燥的香蕉树皮、胶带、花泥

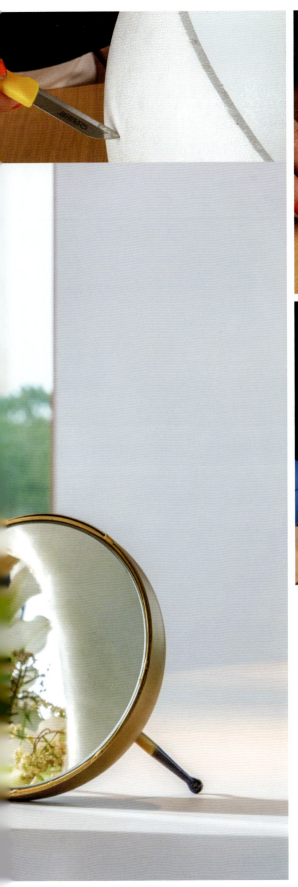

步骤 *How to make*

① 切掉半球下部。
② 用胶带覆盖环形底座。
③ 将一片花泥放在底座中，然后用胶带固定。
④ 将香蕉树皮层叠粘贴覆盖泡沫，做出美观造型。
⑤ 通过将木棍插入底座来创建小的支腿。
⑥ 将绳子缠绕在支腿上。
⑦ 有层次地将花材插入底座，完成作品。

材料技巧：木盘＋软木塞＋软木片＋毛毡——缠卷＋胶合＋刺孔

难度等级：★★★☆☆

花锥

花艺设计 / 夏洛特·巴塞洛姆

材料 Flowers & Equipments

花毛茛、满天星

圆木板、软木塞、自粘软木片、粗铁丝、塑料移液管（锥形）、胶带、毛毡、钻、热熔胶

步骤 How to make

① 在移液管顶部缠上毛毡，并用胶带固定。
② 将一大截粗铁丝连接到移液器上，并用自粘性软木覆盖。
③ 将软木塞粘到圆木上，注意高度不一，错落有致。
④ 在软木塞的中间钻一些小孔，以插入铁棒。
⑤ 通过向不同方向旋转茎杆，使小花瓶造型美观。
⑥ 在锥筒里插入花材，完成作品。

材料 Flowers & Equipments
蒲苇花序、康乃馨、玫瑰、艳果金丝桃、花毛茛、干燥的香蕉叶鞘、饼形花泥、双面胶、铁架、热熔胶、细的金色铁丝、橙色海绵泡沫条、毛毡

材料技巧：蒲苇花+香蕉叶鞘+海绵泡沫条——塑型+胶合
难度等级：★★★☆☆

早餐桌上的新月

花艺设计 / 夏洛特·巴塞洛姆

步骤 How to make

① 从饼形花泥上切出一个新月形状。
② 用层压板做出圆形的底盘，然后粘上花泥。
③ 用胶覆盖底盘，并在上面粘贴裁成条形的干燥的香蕉叶鞘片。
④ 将毛毡和泡沫的细条用胶粘在花泥和聚苯乙烯泡沫相交处。
⑤ 将花插入花泥中。
⑥ 最后，将蒲苇花序插入花间点缀，用细铁丝将连接处固定好，完成作品。

材料技巧：毛毡 + 缝纫线——塑型 + 连接

难度等级：★☆☆☆☆

裹在毛毡里的小花饰

花艺设计 / 夏洛特·巴塞洛姆

> **材料** *Flowers & Equipments*
>
> 贝母、花毛茛、玫瑰、纤枝稷（喷泉草）、艳果金丝桃、西洋蓍草
>
> 毛毡、搭配毛毡颜色的缝纫线、缝纫针、方形小玻璃花瓶、细线

步骤 *How to make*

① 将毛毡缝成袋形，用它作为花瓶的装饰套。
② 将花瓶放在毛毡袋里。
③ 制作色彩鲜艳、自然的花束。可以多做几组，装饰效果更佳。

材料 Flowers & Equipments

牡丹、丝苇仙人掌、岩穗叶子
花束托的线框、塑料薄膜、花艺冷胶、圆木板、塑料水瓶

步骤 How to make

① 用花束托制作一个半球形的框架。
② 用花艺冷胶在岩穗叶子上涂胶，一部分叶片在叶面涂胶，另一部分在叶背涂胶，这样可以使叶子有的露出正面，有的露出背面。
③ 将叶片层叠粘贴在框架，再用胶将它粘到圆形木板上。
④ 将切成一半的水瓶放在框架中间，它里面可以放花泥或者装满水。
⑤ 用牡丹和丝苇仙人掌做成一束漂亮花束，插入水瓶。

板上花

花艺设计／夏洛特·巴塞洛姆

材料技巧：木盘＋塑料薄膜——堆叠＋胶合
难度等级：★★☆☆☆

与设计师搭调的玫瑰花束

材料技巧：网格纸＋纸板＋细线——绑扎

难度等级：★★★☆☆

花艺设计 \ 夏洛特·巴塞洛姆

步骤 How to make

① 将网格牛皮纸向各个方向扭转，然后使用绑扎铁丝将其固定在框架的各个位置，作为花束的底托。

② 在底托内部插制一个漂亮多彩的浪漫花束。

材料 Flowers & Equipments

玫瑰、康乃馨、花毛茛

花束托的线框、蜂巢网格的牛皮纸、彩色绑扎铁丝、纸板、细线

在花丛中用餐

P.070

阿诺德·德尔海耶
Arnauld Delheille

迈迪西空间（L'Espace Médissey）是一家现代度假村，环境宜人。里奥韦弗（L'EauVive）美食餐厅的客人可以在享用美味餐点后在度假村过夜。从露台上可以欣赏自然景观，这也是餐厅的菜园所在的位置。大自然在皮埃尔·雷西蒙（Pierre Résimon）的厨房中扮演着主角。其中的花艺设计令人印象深刻。花艺师阿诺德·德尔海耶的设计带我们给餐桌做装饰，在户外品尝开胃酒，还有许多新的体验。

七彩花朵

照亮阴郁的一天

安尼克·梅尔藤斯 *Annick Mertens*

比利时华斯兰德（Waasland）的库尔普滕度假村（Koolputten）坐落在杜尔姆河（the River Durme）的河畔，是一个风景秀丽、安闲舒适的地方。经过精心修复的建筑有着透亮的大落地窗，使整个空间沐浴在光线之中。空间装饰现代而素雅，有着打动人心的装潢设计。在阴郁的雨天，安尼克用野花和花园里的玫瑰为室内装饰增添色彩。

粗麻布的簇拥中

花艺设计／阿诺德·德尔海耶

难度等级：★☆☆☆
材料技巧：麻布——堆叠

步骤 How to make

① 粗麻布剪成布条（不同的颜色），然后以手风琴造型折叠。
② 将折叠的织物放在托盘中。
③ 插入试管。
④ 将试管装满水，并在其中插入鲜花。

材料 Flowers & Equipments

玫瑰、非洲菊、康乃馨、澳洲米花
玻璃托盘、不同颜色的粗麻布、试管

材料 Flowers & Equipments
大丽花、万代兰、妻瓜
金属脚架、带孔的玻璃试管、饼形花泥、拉菲草、长而细的钉子

材料技巧：拉菲草——缠绕 + 钉合

难度等级：★★☆☆☆

双圆形花饰

花艺设计 / 阿诺德·德尔海耶

步骤 How to make

① 用拉菲草叶缠绕饼形花泥，确保每次缠绕都在圆心交汇。
② 将花泥插到金属支架的销钉上。
③ 用长而细的钉子将玻璃试管钉到饼形花泥架上。
④ 将试管装满水，并在其中插入鲜花。
⑤ 用有条纹的毒瓜果实装饰圆盘。

材料技巧：毛线+海星壳——缠绕+胶合

难度等级：★★☆☆☆

夏季的海星

花艺设计 / 阿诺德·德尔海耶

步骤 *How to make*

① 将毛线缠绕在铁圈的边缘。
② 同样，将毛线沿直径缠绕在圆圈上，并确保毛线在圆心交叉编织。
③ 在不同位置将试管插入毛线中。
④ 将试管装满水，并在其中插入鲜花。
⑤ 最后用热熔胶将海星壳粘在毛线上。

材料 *Flowers & Equipments*
万代兰、绣球、玫瑰
铁圈、海星壳、毛线、胶枪、试管

材料技巧：椰子壳 + 露兜树叶——缠卷 + 钉合 + 绑扎

难度等级：★★☆☆☆

大丽花颂

花艺设计 / 阿诺德·德尔海耶

步骤 *How to make*

① 把椰子壳钉在木块上。
② 在椰子壳里塞进一卷螺旋状的露兜树叶子。
③ 用铁丝把花瓶系在露兜树叶子卷上。
④ 把花瓶装满水，把花插在里面。

材料 *Flowers & Equipments*

大丽花、柔毛羽衣草、露兜树叶子、椰子壳

木块、球形花瓶、钉子、铁丝

材料技巧：拉菲草 + 牙签——涂漆 + 缠绕

难度等级：★★☆☆☆

在西红柿的环绕中

花艺设计 / 阿诺德·德尔海耶

步骤 *How to make*

① 用粉红色拉菲草缠绕花环，确保完全覆盖花环，您可以预先给花环喷上拉菲草的颜色。
② 将环形花泥（带有塑料底座）连接到拉菲草覆盖的花环上。确保多余的水已从花泥环中排出。否则会弄湿拉菲草。
③ 将花插入花泥中。
④ 将一些事先插在鸡尾酒牙签上的常春藤叶和苹果插入花环做装饰。

材料 *Flowers & Equipments*
常春藤、玫瑰、大丽花、康乃馨、苹果
聚苯乙烯泡沫花环、环形花泥、订书钉、拉菲草、木制鸡尾酒牙签

材料技巧：树枝＋沙子＋气球＋洋葱——堆叠＋塑型

难度等级：★★☆☆☆

来自洋葱的灵感

花艺设计 / 阿诺德·德尔海耶

材料 *Flowers & Equipments*

洋葱、造型独特的树枝、不同品种的大丽花、柔毛羽衣草
方形托盘、气球、沙子、试管、小漏斗

步骤 *How to make*

① 使用漏斗在气球中填充沙子。
② 将试管插入气球的颈部。
③ 将试管装满水，并在其中插入鲜花。
④ 在托盘中布置造型独特的树枝、洋葱和气球制成的花瓶。

材料技巧：气球+沙子+洋葱——塑型

步骤 *How to make*

① 使用漏斗在气球中填充沙子。
② 将试管插入气球的颈部。
③ 将试管装满水，并在其中装满鲜花。
④ 将花瓶放在玻璃碗中的洋葱之间。

材料 *Flowers & Equipments*

大丽花、玫瑰、康乃馨、柔毛羽衣草、洋葱
气球、沙子、试管、小漏斗、玻璃托盘

自花园新鲜采摘

花艺设计／阿诺德·德尔海耶

材料技巧：向日葵茎秆＋木盘——胶合

难度等级：★★☆☆☆

材料 *Flowers & Equipments*
向日葵和干燥的向日葵茎、草类（兔尾草、喷泉草）、小白菊、悬钩子、大丽花
木制底座、胶枪、试管

步骤 *How to make*

① 将向日葵茎切成相似长度的短块。
② 将向日葵茎用胶粘到木制底座上。
③ 将试管插入向日葵茎中。
④ 在试管中加水并插入花。

贝壳花瓶带来色彩

材料技巧：贝壳——胶合+涂泥

难度等级：★★☆☆☆

花艺设计／安尼克·梅尔藤斯

材料 Flowers & Equipments

各色夏花集锦（马蹄莲、玫瑰、香豌豆、耧斗菜、小菊等）
贝壳、细花瓶、黏土、托盘

步骤 How to make

① 将花瓶粘在平坦的托盘上。
② 在其周围涂抹黏土。
③ 将贝壳竖向沿花瓶周围插入黏土中，以形成花环形状。
④ 在花瓶中插入鲜艳夺目的美丽夏花。

材料 *Flowers & Equipments*
撕碎的白桦树皮条、各色田野花材（玫瑰、香豌豆、耧斗菜、小菊等）
金属框架、长条花泥、绑扎铁丝（纸色）

材料技巧：白桦树皮——折叠＋绑扎

难度等级：★★☆☆☆

暖心的吧台装饰

花艺设计 / 安尼克·梅尔藤斯

步骤 *How to make*

① 在金属框周围制作一条裙线，将长条花泥放入其中。
② 折叠桦树皮，并用绑扎铁丝绑在一起，并将其固定到金属框的裙线上。
③ 将野花自然错落地插入花泥中。

材料 Flowers & Equipments
百合、虎眼万年青、凌风草、绣球
花瓶或其他钵形容器、花泥

材料技巧：拉菲草——缠绕＋钉合

难度等级：★☆☆☆☆

别致的百合

花艺设计 / 安尼克·梅尔藤斯

步骤 How to make

① 在花瓶或容器中放入泡过水的花泥。
② 绣球花枝剪短，插入花泥，铺满表面。
③ 现在将造型别致的百合（去掉叶子，可选用特别的颜色或品种）和虎眼万年青呈线性地插入到花瓶中。
④ 最后插入凌风草。

材料 *Flowers & Equipments*

柔毛羽衣草、深浅不一的粉红色花园玫瑰

矩形木托盘、编织的亚麻绳、胶枪、塑料膜、花泥

材料技巧：木托盘＋亚麻绳——胶合

难度等级：★★☆☆☆

编织的亚麻

花艺设计 / 安尼克·梅尔藤斯

步骤 *How to make*

① 剪相同长度的亚麻绳，然后将其粘在木托盘的边缘。亚麻绳适当向内弯曲以保证自然的效果。
② 将一块浸湿的花泥包裹在塑料膜中，然后将其放在木托盘上。
③ 首先将柔毛羽衣草插入花泥中，然后插入玫瑰。

小贴士： 这个插花的底座可以重复使用。

材料技巧：麻布——胶合＋折叠

难度等级：★★★☆☆

桌上的夏花

花艺设计 / 安尼克·梅尔藤斯

材料 Flowers & Equipments

各种各样的野花：翠雀花、薰衣草、耧斗菜、铁线莲、香豌豆……
2把金属弓、双面胶、麻布、胶枪、试管、花艺铁丝

步骤 How to make

① 用双面胶缠绕金属弓，以便于粘附。
② 将粗麻布条切成长约 15cm 的段。
③ 折叠粗麻布条并将其粘在弓上。弓 1 粘在凹面，而弓 2 粘在凸面。
④ 用花艺铁丝将两个弓固定在一起。
⑤ 将挂钩安装在试管上，以便轻松安装并再次拉出以清洗它们。
⑥ 将试管注满水并插入花。

提示：麻布可以用其他材料替换。

材料 Flowers & Equipments
各种粉红色系的花园玫瑰、柔毛羽衣草
长条花泥（带有塑料底座）

材料技巧：塑料底盘——组群

难度等级： ★☆☆☆☆

粉红的玫瑰

花艺设计 / 安尼克·梅尔藤斯

步骤 *How to make*

① 在花泥中插满柔毛羽衣草。
② 在空隙之间加入各种花园玫瑰。
③ 做成3组，摆放在圆桌上。

P.094 花园里 多彩的夏日

夏洛特·巴塞洛姆
Charlotte Bartholomé

对于夏日主题，夏洛特选择了伯纳黛特和波尔（Bernadette & Pol's）的花园进行创作。这个种有蔬菜的花园启发了她以夏季蔬菜为主题的创意。

景观优美的花园变成了夏季花卉的画布，例如牡丹、花园玫瑰、向日葵、紫色松果菊、蔓绿绒、蓟……

在花丛中玩耍对于孩子们来说是真正的乐趣，如果可以在花艺作品中享用清爽可口的果汁和美味的西瓜，那么这种乐趣就更加美好了。

P.110

亮色满屋

尚塔尔·波斯特
Chantal Post

尚塔尔非常喜欢运用色彩。因此，她选择了色彩丰富的室内设计，并为每个房间创造了特殊的体验。这座夏日风格的房子色彩特别鲜艳，而且壁纸非常独特，带有醒目的图案、颜色和质感。尚塔尔受到室内装修细节颜色的启发，并基于她的体验进行了非常特别的定制花艺设计。

欢迎来到花园

材料技巧：枝条 + 棕榈叶 + 树皮 + 毛毡——塑型 + 缠卷 + 胶合

难度等级：★★★★☆

花艺设计 / 夏洛特·巴塞洛姆

步骤 How to make

① 用铁丝网制作漂亮的水滴形状（倒圆锥形）。
② 用保鲜膜覆盖它，然后用胶带将其加固并使其防水。
③ 从水滴尖开始，用干燥的棕榈叶包裹，装饰外部。
④ 在整个结构中的三个位置各串一根葡萄藤线，对其进行固定。
⑤ 在结构内底部贴一些毛毡，然后将花泥放入其中。
⑥ 将虎杖枝条插在提前已经填充花泥的花盆中。
⑦ 将树皮倒在虎杖枝的根部以隐藏花泥。
⑧ 将水滴造型钩到虎杖枝条上。
⑨ 插入缤纷的花朵，营造出和谐的乡村风格。

材料 Flowers & Equipments

干棕榈叶、紫色松果菊、向日葵、蓝刺头、橙红色玫瑰、刺芹、纤枝稷（喷泉草）、金槌花、艳果金丝桃、阔叶补血草（情人草）、虎杖

大花瓶、葡萄藤线、花泥砖、树皮、热熔胶、铁丝网（鸡笼网）、保鲜膜、胶带、毛毡

材料技巧：桑树皮+签子——缠卷+钉合+插针

难度等级：★★☆☆☆

激发灵感的菜园

花艺设计 / 夏洛特·巴塞洛姆

材料 *Flowers & Equipments*

绿色桑树皮纤维、萝卜、豌豆荚、四季豆、2种玫瑰、阔叶补血草（情人草）、狗尾草、薄荷、柔毛羽衣草、大星芹、燕麦
泡沫塑料花环、花泥、塑料膜、热熔胶、胶带、紫色海绵泡沫条、签子、大头针

步骤 *How to make*

① 用绿色桑树皮覆盖泡沫塑料花环。
② 用豌豆荚装饰花环两侧，将豆荚对齐排列并用大头针固定。
③ 将四季豆成组地放在底座的顶部，然后将萝卜自然和谐地排列，插在签子上，但要注意留出放花泥的空间。
④ 将花泥削成三个小球，以模拟萝卜的形状。
⑤ 用塑料膜和胶带缠绕它们，然后用紫色海绵泡沫条绕在外面装饰。
⑥ 将花朵插入花泥，做成"花萝卜"，用签子将"花萝卜"和萝卜加固连接。

悬挂的创意

花艺设计／夏洛特·巴塞洛姆

难度等级：★★★☆☆

材料技巧：桑树皮＋木盘——钻孔＋胶合

材料 Flowers & Equipments

桑树皮纤维、牡丹、玫瑰、燕麦、落新妇、蕾丝花

圆木板、钻、粗麻绳、热熔胶、聚苯乙烯泡沫半球（空心）、双面胶、碗形花泥

步骤 How to make

① 在圆木板上钻三个孔，然后将粗麻绳穿过三个孔。

② 将三根绳子绑在一起，以便将造型悬挂起来。

③ 切掉泡沫半球的顶部。

④ 使用热熔胶将花泥底部粘到原木上。

⑤ 将有孔的泡沫胶半球粘到花泥上部。

⑥ 将半球用双面胶覆盖，使桑皮更容易粘在上面。

⑦ 将桑皮细条粘在聚苯乙烯泡沫底座上，并在原木上做出一个边缘来装点。

⑧ 最后，插入自然的乡村风花朵，完成作品。

材料技巧：桑树皮+毛毡+纸板+毛线+沙子+木签子——塑型+刺孔+缠绕+胶合+绑扎

难度等级：★★★★☆

粉色调色篮

花艺设计/夏洛特·巴塞洛姆

材料 Flowers & Equipments

桑树皮纤维、芬芳粉色的玫瑰（如：'荔枝'）、纤枝稷（喷泉草）、洋桔梗、阔叶补血草（情人草）

聚苯乙烯泡沫半球、毛毡、自粘软木条、彩色毛线、水管、纸板、沙子、木签子、热熔胶、玻璃或有机玻璃移液管、绑扎线

步骤 How to make

① 从聚苯乙烯泡沫半球切下四分之一。
② 内部用毛毡盖住，外部用软木条盖住。
③ 在聚苯乙烯泡沫球的两个尖端插入一根木签子，并用桑树皮包裹覆盖。
   注意： 让木签子的两端在泡沫球两侧伸出。
④ 弯曲水管并用毛线缠绕，确保其牢固而且毛线也粘在适当的位置。
⑤ 在水管下面粘一块硬纸板，为该造型创建稳定的底座。
⑥ 将签子的末端粘到两根水管的顶部。
⑦ 使用绑扎线将小型移液管固定到木签子上。
⑧ 用鲜花装饰，完成作品。

材料技巧：枝条＋露兜树叶——塑型＋胶合

难度等级：★☆☆☆☆

紫色树枝之间

花艺设计 / 夏洛特·巴塞洛姆

材料 *Flowers & Equipments*

结香枝条（染成蓝紫色）、干燥的露兜树叶子、飞燕草、绣球、纤枝稷（喷泉草）

花泥环、塑料纸、胶带、热熔胶

步骤 *How to make*

① 从花泥环上切下四分之一，保留较大的部分。
② 用塑料纸覆盖切好的形状并用胶带固定。
③ 用胶将露兜树叶子垂直粘上，长度可随意发挥。
④ 将结香枝条用胶粘到造型的内部。
⑤ 在花泥中也粘一些枝条。
⑥ 用飞燕草和喷泉草装饰。
⑦ 最后将绣球插入枝条之间，以完全盖住花泥。

材料技巧：毛线＋圆木盘＋卷纸管——塑型＋缠绕＋胶合

难度等级：★★★☆☆

鲜花绽放的蘑菇

花艺设计／夏洛特·巴塞洛姆

步骤 How to make

① 将纸板管切成不同长度。
　注意：将一端切成笔直而另一端切成一定角度。
② 用毛线缠绕纸板管。
③ 快完成时，将管子粘到圆木板上，然后在底部与圆木板连接的地方上做一个毛线边缘以完成装饰。
　注意：将倾斜切割的部分粘到木板上。
④ 将一块花泥用塑料膜缠起来并将其滑入纸板管中。
⑤ 您也可以使用移液管或直径比纸板管细的小瓶子。
⑥ 用花朵装饰，混合各种花色与其所使用的各种毛线搭配。

材料 Flowers & Equipments

纤枝稷（喷泉草）、橙红色玫瑰、燕麦、肥皂草、西洋蓍草、百日菊、艳果金丝桃、香槟色玫瑰
圆木板、从包装纸卷中回收的纸板管、不同颜色的绳索或毛线、塑料膜、花泥、热熔胶、锋利的刀子

材料技巧：黄栌叶＋种荚——胶合＋钻孔＋绑扎＋刺孔

难度等级：★★★☆☆

丰盛的收获

花艺设计＼夏洛特·巴塞洛姆

步骤 How to make

① 用双面胶贴满圆形泡沫板。
② 粘上干燥的黄栌叶，从两端开始往中心粘。
③ 请在泡沫底座上钻一个孔，并在底座上穿一根藤线，这样您就可以通过将树叶粘在穿孔处的方式将其隐藏起来。
④ 使用葡萄藤线绑扎虎杖茎段，做成竖向连接的花环。
⑤ 用铁丝和胶水将它们固定在泡沫底座上。
⑥ 将移液管扎到花环中。
⑦ 用鲜花和干的种子荚装饰。
⑧ 用金色细铁丝将燕麦束装饰、固定到花环。

材料 Flowers & Equipments

虎杖、燕麦、柔毛羽衣草、虎眼万年青、万代兰

圆形泡沫板、双面胶、葡萄藤线、金色细铁丝、白色干燥的黄栌叶（cobra leaf）、干燥的和彩色种子荚（如：秋葵）、有机玻璃或玻璃移液管

材料技巧：露兜树叶＋软木条＋绳子＋塑料瓶——塑型＋胶合＋绑扎

难度等级：★☆☆☆☆

可爱的下午茶

花艺设计 / 夏洛特·巴塞洛姆

材料 *Flowers & Equipments*

露兜树叶子、粉色玫瑰、燕麦、罂粟果、康乃馨、黄栌花序、玫瑰
塑料水瓶、自粘软木条、天然材质绳子、花泥、热熔胶

步骤 *How to make*

① 切开水瓶，保留水瓶上的瓶盖。
② 用自粘式软木条覆盖水瓶，装饰外部。
③ 在内部的边缘也粘贴一些。
④ 用干燥的露兜树叶子或细绳包裹瓶盖处的软木。这将作为花瓶的底座。
⑤ 在瓶里放一块花泥。
⑥ 插入漂亮的小花束进行装饰。

材料技巧：桑树皮＋木棍＋木签子——塑型＋刺孔＋胶合

难度等级：★★★☆☆

西瓜带来的灵感

花艺设计／夏洛特·巴塞洛姆

材料 Flowers & Equipments

粉红色桑树皮纤维、艳果金丝桃、红色玫瑰、黄栌花序、多花玫瑰、粉色玫瑰

圆形泡沫板、彩色的木棍、彩色藤条（绿色）、木签子、花泥、塑料纸、胶带、热熔胶

步骤 *How to make*

① 将圆形泡沫板顶部切掉，切好后留下四分之三的圆。
② 使用木签子将一小块长条花泥插在上面。
③ 用胶带缠绕整个造型。
④ 用热熔胶在圆板两面粘贴粉红色桑树皮，从圆心开始沿同一方向转着粘贴。
⑤ 在圆板边缘上贴上薄薄的彩色藤条。
⑥ 将两根彩色木棒固定在基座的底侧，使其能够保持直立。

小贴士： 您可以选择将圆的切口部分平行于桌面或倾斜放置，具体取决于放置支脚的位置。

⑦ 将花材插入花泥，完成作品，与桌上的西瓜相得益彰。

材料技巧：木板 + 签子 + 毛线 + 仿真蝴蝶——缠绕 + 胶合 + 钻孔

难度等级：★★☆☆☆

魔法餐桌

花艺设计 / 尚塔尔·波斯特

材料 Flowers & Equipments

牡丹、非洲菊、玫瑰、藓藁

20cm 宽、80cm 长的木板，玻璃试管，金属签子，双面胶，彩色毛线和天然材质绳子，2mm 粗的金属棒，大小各异的蝴蝶

步骤 How to make

① 用粉红色的毛线包裹 2mm 粗的金属棒，然后用胶将蝴蝶粘到线末端。
② 准备玻璃管：使用双面胶将金属签子固定到玻璃管上，并用粉红色的毛线或天然材质绳子缠绕包裹住胶带部分。
③ 在木板上钻一些小孔。
④ 将签子插入孔中，玻璃试管放在中间，蝴蝶装饰在试管周边及木板边缘。
⑤ 用鲜花装饰玻璃试管，交替摆放牡丹、非洲菊、落新妇和藓藁。

材料技巧：木块——胶合

难度等级：★☆☆☆☆

用黄色点亮夏天

花艺设计 / 尚塔尔·波斯特

材料 *Flowers & Equipments*

万代兰、金槌花、绿色小菊花、玫瑰

一块平整的木头、立方形玻璃蜡烛罐、白色蜡烛、大小不同的木制立方体、黄色立方体形花泥、玻璃试管

步骤 *How to make*

① 将立方形蜡烛罐和蜡烛放在木板的中央。
② 使用热熔胶枪将黄色的花泥（不要弄湿）和木质立方体粘合在一起。
③ 将一些细的玻璃试管插入黄色的花泥中，然后将其粘到木质立方体上。
④ 用鲜花装饰大小不同的立方体。

材料技巧：木框＋木块＋桦树枝——塑型＋钉合＋涂漆＋缠绕

材料 Flowers & Equipments

金槌花、黄色非洲菊、黄色多花玫瑰、小盼草

木框、各种尺寸的木质方块（15cm×15cm 至 20cm×20cm）、棕色鸟巢蕨叶子、小捆桦树枝、玻璃试管、麻绳、棕色铁丝、钉枪

步骤 How to make

① 制作框架。
② 用棕色鸟巢蕨叶子覆盖部分木质方块。
③ 在木质方格上涂上棕色油漆，然后用铁丝捆扎成平面的桦树枝覆盖方格。
④ 使用钉枪组装并摆放好各个木制方块，设计框架的中心部分。
⑤ 在玻璃试管上缠绕麻绳，然后将其粘贴到框架中心的各个正方形上。
⑥ 将鲜花插入玻璃试管。

材料技巧：蜡烛+软木条——缠绕+刺孔+胶合

难度等级：★☆☆☆☆

花艺蜡烛

花艺设计 / 尚塔尔·波斯特

材料 *Flowers & Equipments*
蝴蝶兰 各种规格的蜡烛、软木卷、不同大小和颜色的珍珠头大头针、花艺冷胶

步骤 *How to make*

① 切几条 10~12cm 宽、1m 左右长的软木条。
② 将软木条缠绕在蜡烛周围，并用珍珠头大头针固定。
③ 将所有大头针垂直蜡烛插入软木，以在蜡烛周围做成几圈放射状的造型。
④ 将兰花粘在大头针的金属杆上，以装点完成作品。

材料技巧：薄木板 + 翅葫芦种籽——塑型 + 胶合

难度等级：★★★☆☆

明媚、夏意与柔和

花艺设计 / 尚塔尔·波斯特

材料 *Flowers & Equipments*

翅葫芦种子、金槌花、非洲菊、多花玫瑰、洋甘菊、薪蕷花、小盼草

6个聚苯乙烯花环、薄椭圆形的木板、聚苯乙烯专用胶、干花泥、玻璃试管、双面胶

步骤 *How to make*

① 制作底座：将2×3个聚苯乙烯花环堆叠并粘在一起，制成一个椭圆形的底座。将其胶粘到一块椭圆形的薄木板上，等待其干燥。

② 准备好底座后，用双面胶覆盖，然后用翅葫芦种子贴满。

③ 用干燥的花泥和玻璃试管填充底座。

④ 插入花材，完成作品。

令人耳目一新的瀑布

花艺设计／尚塔尔·波斯特

难度等级：★★★☆☆

材料技巧：金属棒＋毛线——缠绕＋胶合

步骤 *How to make*

① 准备所有金属棒；卷起白色金属棒，然后用螺丝刀将细毛线缠在它们周围。
② 将毛线缠绕的金属棒制成水滴形结构，并用细钢丝将它们绑在一起。
③ 准备好形状后，将醉龙吊灯花的长树枝和银白色天门冬枝条铺开。
④ 放置细玻璃试管以插放大的绿色菊花。
⑤ 用花艺冷胶将小菊花粘在结构中，完成作品。

材料 *Flowers & Equipments*

绿色和白色菊花、绿色须苞石竹、醉龙吊灯花

2mm粗的白色金属棒、细毛线、螺丝刀、细白线或银线、银白色天门冬枝条、玻璃试管、花艺冷胶

与壁纸相协调

材料技巧：木板＋毛毡条＋缎带——塑型＋胶合

难度等级：★★★☆☆

花艺设计／尚塔尔·波斯特

材料 Flowers & Equipments

红色绣球、鸡冠花、万代兰、西番莲枝条

黑色聚苯乙烯托盘、花泥、木板、双面胶、玻璃试管、热熔胶枪、毛毡条和缎带

步骤 How to make

① 将木板切成不同的尺寸的长条，并用双面胶覆盖。
② 然后用缎带或颜色鲜艳的毛毡条覆盖它们。
③ 在黑色托盘中装满花泥，并将其放在墙边。
④ 将覆盖有毛线或缎带的木板插放在黑色托盘中，并用花朵装饰（绣球和鸡冠花）。
⑤ 将细玻璃管粘贴到覆盖有毛毡或缎带的木板上，并使用万代兰花装饰它们。

fleurcreatif | 119

材料技巧：枝条——连接

难度等级：★★★☆☆

夏日花巢

花艺设计 / 尚塔尔·波斯特

步骤 How to make

① 用去皮的柳枝连结在三个金属杆之间，以形成悬空的巢形结构。
② 将圆形玻璃瓶挂在此结构的下方，并用注入水。
③ 插入花材并用西番莲的长枝条装饰巢形结构。

材料 Flowers & Equipments

牡丹、香豌豆、西番莲枝条、玫瑰
带3根金属棒的金属支架，约2m高、去皮的柳枝、纸色绑扎铁丝、球形玻璃瓶

邂逅**玫瑰**和**铁筷子**

P.124

安·德斯梅特
Ann Desmet

独特的色彩,美好的寓意,让玫瑰受到千万人的追逐和喜爱,感谢『雪山玫瑰』公司和『清新装饰』育种公司,为我们提供了颜色特别稀有的玫瑰,设计出这一系列独特的作品。

『最美的诗是用纯白色写成的』,在参观完梅赫伦(Mechelen)的封闭花园后,就有了这场铁筷子玻璃罩的设计灵感。

玫瑰就是玫瑰，无可替代的玫瑰……

P.134

艾默里克·乔奇
Aymeric Chaouche

席琳·莫罗
Céline Moureau

玫瑰可能是最著名的花卉。它象征着爱、快乐、幸福和感情。我们乐于在此系列作品中展示它们。它们是别致的餐桌装饰中的明星，在花园里闪闪发光，照亮了我们的居室。

感谢『雪山玫瑰』公司（Avalanche）为带给我们柔和色调的美丽品种。也要感谢『清新装饰』育种公司（Decofresh）为我们提供了颜色特别的稀有玫瑰。

材料技巧：苔藓——弯折

难度等级：★☆☆☆☆

蜜桃色玫瑰花环

花艺设计 / 安·德斯梅特

材料 *Flowers & Equipments*

各种颜色柔和的雪山玫瑰（香槟色和蜜桃色）、铁线莲种子头、艳果金丝桃、岩穗叶、苔藓、淡黄色补血草

环形花泥、细铁丝

步骤 *How to make*

① 先把各色玫瑰交错插入湿润的花泥环。

② 然后用卷起的岩穗叶子和苔藓填充在插花之间。插入铁线莲种子头，把所有的花材结合在一起。

③ 将黄色的金丝桃果和插在细铁丝上的淡黄色补血草插入点缀，以增加色彩。

玫瑰和贝壳花盘

花艺设计／安·德斯梅特

材料技巧：贝壳——涂漆＋胶合＋绑扎

难度等级：★★☆☆☆

材料 Flowers & Equipments

各种颜色柔和的雪山玫瑰（香槟色和蜜桃色）、绣球、绿色须苞石竹大的矩形容器、可置于大容器内部的窄条形小容器、卡皮斯（Capiz）贝壳、花泥、玻璃漆、胶枪

步骤 How to make

① 将与玫瑰颜色相近的玻璃漆涂在贝壳上。用热熔胶将贝壳粘在大小两个容器的外部。将小容器置于大容器中间。

② 用花泥填充大矩形容器。以不同的颜色穿插排列玫瑰。

③ 将事先用铁丝绑扎好的绣球插入作品中点缀。最后在窄条形小容器内完全插满绿色须苞石竹。

材料技巧：悬铃木树皮＋绳子——连接＋捆绑

难度等级：★★★☆☆

浪漫墙饰

花艺设计 / 安·德斯梅特

材料 Flowers & Equipments

奶白色和浅粉红色的雪山玫瑰、大星芹、苋的穗状花絮枝条、绿色须苞石竹、常春藤、悬铃木树皮
长条形花泥、天然材质绳子

步骤 How to make

① 花泥浸水后，可以用数片悬铃木树皮覆在外面创造出插花造型的线条，并用天然材质绳子将它们连接起来。

② 首先将玫瑰插在花泥上，然后把绿色苋的枝条插在上面。接下来，用白色大星芹、白色蓟和绿色须苞石竹填充这个花艺墙饰。

③ 最后用常春藤点缀，完成作品。

> **材料** *Flowers & Equipments*
> 各种颜色柔和的雪山玫瑰（香槟色和蜜桃色）、绿色须苞石竹、紫罗兰、常春藤长的藤蔓
> 花泥、大小篮子

材料技巧：树枝＋干草——缠卷＋钉合＋胶合＋钻孔

难度等级：★☆☆☆☆

装满亮色玫瑰的花园篮子

花艺设计 / 安·德斯梅特

步骤 *How to make*

① 将常春藤盆放在大篮子的边缘，再将一个较小的篮子放入大篮子的中间，并在里面填充花泥，然后将玫瑰插在湿润的花泥上。

② 尽量插成圆顶形。加上一些橙红色的紫罗兰为该形状增加一些体量。然后加入一些绿色须苞石竹和苔藓，在花朵之间编织一些常春藤，这样看起来花朵和植物之间存在联系。

材料 Flowers & Equipments
白色铁筷子、桦木树枝
试管、玻璃罩、白釉蜡烛罐

材料技巧：藓＋树枝——胶合＋绑扎

难度等级：★☆☆☆☆

钟罩内的纯白色铁筷子

花艺设计 / 安·德斯梅特

　　佛兰德著名诗人保罗·范·奥斯坦（Paul Van Ostayen）曾说："最美丽的诗是用纯白色写成的"，这激发了安·德斯梅特组织一场纯"白色"展览会的灵感。

　　她从一位园丁朋友那里得到了一批乳白色的桦木，还从一家公司定做了一系列用白釉制成的蜡烛罐。在比利时梅赫伦（Mechelen）参观"梅赫伦的封闭花园"（The Enclosed Gardens of Mechelen）展览之后，她产生了运用钟形玻璃罩的灵感。封闭的花园是由梅赫伦的医护修女们制作的 16 世纪祭坛屏风。修女们创造了封闭的花园，她们注重细部，并表达了理想的、高尚的和天堂般的世界。

步骤 *How to make*

① 先用桦木枝绑在一起，做成不同的形状。
② 在桦木枝条上粘上苔藓。
③ 将试管绑在枝条上，插上铁筷子即可。

材料技巧：大木块+海棠果——塑型+插针

难度等级：★☆☆☆☆

'赤目'玫瑰和'橘眼'玫瑰与跳舞的洋桔梗

花艺设计 / 艾默里克·乔奇

步骤 *How to make*

① 在容器内部放一些塑料箔。用花泥填充基座。将玫瑰插入花泥，并确保它适合容器的形状。

② 用花艺铁丝做一些"小玩偶"。用洋桔梗花和海棠果装饰它们。

③ 用钻头在容器边缘上钻一些小孔，然后将小玩偶插入孔中。也要在玫瑰中的花泥中放置一些小玩偶。

材料 *Flowers & Equipments*

洋桔梗（冷冻干燥的）、'赤目'玫瑰、'橘眼'玫瑰、海棠果、生物花泥（可降解环保花泥）、花艺铁丝、钻、由奇形木材制成的基座、塑料箔

材料技巧：稻草+麻线——钉合+缠卷+插针

难度等级：★★☆☆☆

花艺设计\艾默里克·乔奇

鲜橙色调

步骤 How to make

① 使用订书机将预先浸泡的花泥固定到木框上。用麻线把天然稻草扭捆成一束。

② 使用订枪将草编麻线以弯转有趣的方式连接到框架和花泥上。让一些麻线伸出框架。

③ 将玫瑰和柿子排列在花泥上。用一些金槌花和卵叶天门冬装饰，完成作品。

材料 Flowers & Equipments

柿子、橙黄色玫瑰、黄色玫瑰、香槟色玫瑰、卵叶天门冬、金槌花作为基座的木框、天然稻草、麻线、墙壁钉枪、订书钉、长条形花泥

材料技巧：木板＋羊毛毡——胶合＋堆叠

难度等级：★★☆☆☆

羊毛花床上的别致花朵

花艺设计/艾默里克·乔奇

材料 *Flowers & Equipments*
针垫花、蜜桃色玫瑰、冻干的花瓣
木板、长条形花泥、羊毛毡、喷胶

步骤 *How to make*
① 用羊毛覆盖木板。将长条形花泥固定在木板上。
② 然后用羊毛覆盖花泥。用喷胶将冻干的花瓣粘在羊毛上。
③ 将花插入花泥中。

材料技巧：羊毛＋铁丝＋绑扎线——连接＋打结＋编织＋胶合＋绑扎

难度等级：★★★☆☆

明艳的春日花束

花艺设计 / 艾默里克·乔奇

步骤 How to make

① 用绿色铁丝创建圆形结构。在绿色铁丝之间编织一些绑线。
② 在花泥球上粘一些羊毛。将一些针垫花干花的花瓣装饰到球体上。将球体放置在结构的中间。
③ 在绿色铁丝和绑线的结构中制作花束，捆扎花束，并用锋利的刀斜着修剪花枝。作为画龙点睛的一笔，用卵叶天门冬在玫瑰和球之间建立联系。

材料 Flowers & Equipments

白豆、针垫花（干花）、黄色玫瑰、黄绿色玫瑰、浅黄绿色玫瑰、卵叶天门冬

绿色铁丝、花泥球、羊毛、绑扎线、热熔胶和喷胶

材料技巧：木板——钉合＋胶合＋缠卷

难度等级：★★★☆☆

桌上色彩柔和的玫瑰

花艺设计 / 席琳·莫罗

步骤 How to make

① 将条形花泥的塑料底座拧到木板上。用花艺防水胶带盖住螺丝，使组合造型防水。
② 准备植物，从素馨花枝上去除大部分叶子。
③ 清洁玉缀茎的尖端。将空气凤梨固定在金属丝上，并用绑扎线缠绕它们。
④ 浸湿花泥并将其放在塑料底座中。插入雪山玫瑰，颜色要混合搭配。
⑤ 将植物插放到适当的位置，先插入松萝凤梨，以覆盖花泥，再布置其余的植物。为了使搭配更明亮，请将素馨花枝呈拱形穿插在玫瑰上方。预先将万代兰插入试管中，然后插入作品边缘做点缀。

材料 Flowers & Equipments

玉缀（多肉）、素馨花、空气凤梨、松萝凤梨、粉红雪山玫瑰、蜜桃雪山玫瑰、白色雪山玫瑰、黄色万代兰

宽木板、2块长条形花泥、螺钉、绑扎线、花艺防水胶带、金属丝

材料技巧：干燥荷叶＋棕榈种子＋纸盒——胶合

难度等级：★★★☆☆

雪山玫瑰花蛋

花艺设计 / 席琳·莫罗

> **材料 Flowers & Equipments**
> 干燥的荷叶、棕榈种子、蓝刺头、酸浆果、白色雪山玫瑰
> 鸡蛋纸盒、聚苯乙烯泡沫半球、热熔胶、小圆形底座（制作时将被隐藏）、花泥

步骤 How to make

① 将干燥的荷叶用胶粘到聚苯乙烯泡沫半球上。
② 在聚苯乙烯的顶部中央切掉一个圆形的片（稍微偏一点）。
③ 用锯齿刀切开鸡蛋纸盒。将鸡蛋纸盒碎块粘到造型上，然后将其他除玫瑰外的花材粘在上面。
④ 将花泥插入小圆形底座，然后将造型放在顶部。
⑤ 插入玫瑰。
⑥ 为了能够搬运这个作品，请将一块硬纸板插入到底座下方，然后将其固定在结构上。

材料技巧：纸板 + 菜豆——堆叠

难度等级：★☆☆☆☆

在菜豆的环抱中

花艺设计 / 席琳·莫罗

材料 Flowers & Equipments
菜豆、白色雪山玫瑰
内部挖空的木制底座、玻璃纸、纸板、花泥

步骤 How to make
① 用玻璃纸覆盖底座内部，以确保其防水。
② 将花泥放在底座中间适当的位置。从纸板上切出一个圆形。将其放置在花泥和底座边缘之间以形成"假底"。
③ 将菜豆沿圆弧方向交错放置在假底部上，将一个豆荚夹在另一个豆荚中排列固定。最后插入玫瑰，完成作品。

材料技巧：菜豆+木板（条）—— 塑型+插针

硕果累累

花艺设计 / 席琳·莫罗

步骤 How to make

① 用木板和木板条做一个盒子。将长条形花泥放入盒内。将菜豆穿入两根长约 10 cm 的绿色铁丝上。

② 将豆荚分散开，把玫瑰花插在中间。用藤绣球装饰空隙，完成作品。

材料 Flowers & Equipments

菜豆、藤绣球、白色雪山玫瑰
绿色铁丝、1块木板和4根木板条、2块长条形花泥

P.150

聚光灯下的
贝母及鸢尾

盖特·帕蒂
Geert Pattyn

贝母和鸢尾花都是特点鲜明的花材。鸢尾具有独特的色彩,而贝母因其女性化的株形而别具一格。我们希望让它们在这组花艺作品中担任主角。

P.158

绚丽的
复活节彩蛋

莫尼克·范登·贝尔赫
Moniek Vanden Berghe

复活节是春季最重要的节日。蛋的形状象征着这个季节。在您家门口、露台上或墙壁上放上俏皮的复活节彩蛋,您的宾客将能感受到您的热烈欢迎。

材料技巧：柳条——捆扎

难度等级：★☆☆☆☆

优雅的波斯贝母

花艺设计 / 盖特·帕蒂

步骤 *How to make*

① 修剪花茎，将柳条切段，并将它们打成花束，如有需要可用橡皮筋捆扎。
② 将花束插入孔洞中，并在花束间点缀花朵和枝条。这样就可以保持设计的造型了。

> **材料** *Flowers & Equipments*
> 柳条、波斯贝母、五叶木通藤
> 带孔陶瓷托盘

材料技巧：丁香树枝 + 紫藤枝条——
缠卷 + 连接 + 编织

难度等级：★★☆☆☆

发芽的春枝

花艺设计 / 盖特·帕蒂

材料 *Flowers & Equipments*
丁香、紫藤枝条、欧洲荚蒾
铁丝、带环金属架、试管

步骤 *How to make*

① 切下丁香树枝，然后用铁丝缠绕它们，将其连接到金属架的环上。
② 再在花环上编织几束紫藤枝条。
③ 用金属丝连接试管，装满水，然后将欧洲荚蒾插入花环的枝条之间。

材料技巧：柳枝——缠绕＋编织

难度等级：★★☆☆☆

三色堇从蛋里探头张望

花艺设计 / 盖特·帕蒂

材料 *Flowers & Equipments*
鲜柳枝、盆栽三色堇

步骤 *How to make*

① 用树枝做一个花环，花环的大小将决定蛋造型的直径。
② 当你做出三个花环，你就可以用树枝把它们编织在一起。不断编织直到做出一个顶端封闭的水滴形巢。
③ 留下一个圆形开口，把盆栽三色堇放进去。

材料技巧：蛋壳＋柳树枝＋椴树枝——缠卷＋绑扎

难度等级：★★★☆☆

装满花毛茛蛋的花巢

花艺设计／盖特·帕蒂

材料 Flowers & Equipments
柳树枝、椴树枝、荷兰鸢尾、黄色花毛茛、浮萍
蛋壳、方形陶瓷托盘、花泥

步骤 How to make

1. 用柳树枝条做成一个大的巢状花环，将它们捆扎成一个空心的造型，然后将椴树枝编入造型中。
2. 将浸湿的花泥放在巢状造型的底部，然后将一些长树枝沿巢的边缘插入花泥中。固定好花环后，就可以在其中布置鸢尾了。
3. 在蛋壳中插入一小片花泥，然后插入花毛茛。
4. 将水倒入托盘，让浮萍漂浮起来。

材料 *Flowers & Equipments*
大凌风草、花格贝母、香蕉树皮
两个波浪形容器、黑色花泥

材料技巧：香蕉树皮——胶合

难度等级：★★☆☆☆

摇曳的贝母

花艺设计\莫尼克·范登·贝尔赫

步骤 How to make

① 将黑色花泥填入容器中，使其看起来像是充满土壤。

② 将一些香蕉树皮的光滑面粘在波浪形容器的侧面。确保它粘好且均匀，交替粘贴使用浅色和深色的一面。

③ 将草和花朵均匀地插入花泥中。

材料技巧：毛线 + 干燥千叶兰枝条——缠绕

难度等级：★★★☆☆

装饰性和趣味性

花艺设计 / 莫尼克·范登·贝尔赫

步骤 *How to make*

① 将千叶兰的长枝条做成花环形状，然后将它们缠绕在三脚支架上，以获得篮子的形状。

② 将鸵鸟蛋放入其中。在千叶兰枝条之间添加一些自然材质的毛线。将花泥切削成蛋形，使其形状适合放入半颗鸵鸟蛋壳。浸湿花泥并将其放入蛋中。这样，蛋看起来就像巧克力蛋。

③ 将大多数花朵插入花泥中。将一些花放在试管中，然后将其插入篮子边缘。现在插入一些下垂的佛珠枝条，完成作品。

材料 *Flowers & Equipments*

紫丁香、淡紫色铁线莲、马鞭草、欧亚香花芥、花毛茛、飞燕草、佛珠（多肉）、千叶兰（干燥的枝条）

三角支架、棕色花泥、碎鸵鸟蛋壳、自然材质的毛线、小试管

材料技巧：枝条＋铝线＋干燥香蒲叶——喷漆＋缠绕

难度等级：★★★☆☆

清新活泼的花朵圆圈

花艺设计／莫尼克·范登·贝尔赫

材料 *Flowers & Equipments*

马兜铃枝条（嫩枝和老枝）、五叶木通枝条、悬钩子、木犀草、铁筷子、欧洲荚蒾、'蝴蝶'花毛茛、千叶兰（干燥的枝条）、香蒲叶（干燥的、撕成条状）

直立的金属圆圈、铝线

步骤 How to make

① 将圆环喷涂成棕色或用棕色的花胶带缠绕。接下来，将马兜铃枝条缠绕在圆环上，将它们固定在金属圈造型上，并在多处进行固定。

② 将干燥的、撕成条状的香蒲叶缠绕在长铝线外。弯曲铝线，将它制成多圈螺旋形的长花环，用它们来强化作品种的动感。将用香蒲缠绕的铝线放入造型中。

③ 将圆锥形的试管插入圆环中，并装满水。现在，将各种花材和绿色的枝条布置在圆环上。

材料技巧：干草＋椰子树皮——缠绕＋插针

难度等级：★★☆☆☆

蓝色春天

花艺设计／莫尼克·范登·贝尔赫

步骤 How to make

① 将厚厚的干草堆放在蛋型花泥底座上，用金色铁丝缠绕两者，将干草固定在适当的位置。

② 在花泥中各处插入裁缝针，以便将金色铁丝固定连接到干草上面。形状完全被干草覆盖后，削尖椰子树皮两端并将其插入蛋型花泥底座中。这将为您提供一个篮子的形状，我们可以在其中放入鸡蛋。

③ 将锥形试管和其他小试管固定在可以容纳花朵的篮子形状中，插入花材。

材料 Flowers & Equipments

勿忘草、三色堇、飞燕草、欧洲荚蒾、干草、椰子树皮
蛋形花泥底座、精美的金色装饰铁丝、喷金裁缝针（U形）、不同规格的试管、鸡蛋

P.168

高柱上的花巢
——流行色彩中的本能解放

拉尼·加勒 *Rani Galle*

这组创作的关键词是女性的、自然的、自发的和俏皮的。花艺师的调色板将这些本能释放的特征转换为作品的颜色，发挥他们的创意灵感。

象征希望的铁筷子

弗雷德·维拉赫
Fred Verhaeghe

米克·霍夫克
Mieke Hoflack

马丁·默森
Martine Meeuwssen

卡蒂亚·吉尔梅特
Katia Gilmet

贝诺特·范登德里舍
Benoit Vandendriessche

P.176

铁筷子似乎是一种非常娇弱的花，但它是少数抗寒、抗雪和抗冰的花卉之一。它是希望的生动象征。我们的花艺师致力于展现这个主题。"希望"一词对于每个人来说都有自己的含义：冬日中的彩色、明亮的花朵，在树脂中永生不衰或从灰烬中复活。

材料 *Flowers & Equipments*

冰岛苔藓、荷兰鸢尾
刀、各种规格的泡沫花泥球、胶枪＋热熔胶棒、花瓶（大小适合花泥球）

材料技巧：苔藓——胶合

难度等级： ★★☆☆☆

装满蓝色鸢尾的苔藓花瓶

花艺设计 / 拉尼·加勒

步骤 How to make

① 用刀在花泥球上挖一个洞（以插入花瓶），并从底部切掉一片，使花泥球能够立住固定。
② 用胶枪将冰岛苔藓粘在花泥球上。将鸢尾插入花瓶中。

小贴士： 您还可以全部用苔藓制作一些圆球，这样您能搭配出一组漂亮的花艺装饰。

材料技巧：红瑞木+杨絮+苔藓+蛋壳——编织+胶合

难度等级：★★★★☆

在红瑞木怀抱里

花艺设计/拉尼·加勒

步骤 How to make

① 将红瑞木枝条切成长度相近的段。用铁丝将它们牢固地编织，连接成一个长条片，然后将这个长条片弯折、造型。多做几片，并将它们组合成一个自制的巢形平台。

② 将鸵鸟蛋打碎，但保持蛋的形状做基座，在里面填满花泥。将鸵鸟蛋碎片粘在平台上。将花插入花泥中。然后将彩色冰岛苔藓和白色杨絮用喷胶粘在平台上。

③ 将平台放在圆木树干上。

材料 Flowers & Equipments

红瑞木枝条、色彩柔和的玫瑰、康乃馨、洋桔梗、彩色的冰岛苔藓、加拿大杨的种子（杨絮）

铁丝、鸵鸟蛋、花泥、喷胶、胶枪+热熔胶棒、圆木树干

材料技巧:绑扎线——缠绕

难度等级::★☆☆☆☆

旋转的西番莲枝

花艺设计\拉尼·加勒

步骤 How to make

① 用西番莲枝条和绑扎线旋转缠绕一个篮子,用绑扎线固定枝条。
② 如果您想让枝条顶端部分更长时间保持新鲜,请将其插入篮子里的水瓶中。
③ 在篮子里装满泥土,并在其中种上一年生植物。

材料 Flowers & Equipments

双距花,'百万小铃'小花矮牵牛或其他一年生花卉、西番莲枝条
篮子、绑扎线

材料技巧：粗麻布＋丝带——塑型＋钉合＋胶合

难度等级：★★☆☆☆

景天和彩蛋的多彩组合

花艺设计 / 拉尼·加勒

步骤 How to make

① 用刀把泡沫塑料半球切削成所需形状。用粗麻布覆盖花泥底座，并用订书钉固定麻布末端。同样，切削扁平的花泥，与前面切好的泡沫塑料半球底部相吻合。

② 用胶枪将彩色鹌鹑蛋随机地粘在扁平的花泥上。用粗麻布把蛋之间的空隙填满。

③ 将粘有鹌鹑蛋的扁平花泥放在步骤1中做好的泡沫塑料半球底部上面，用订书钉和热熔胶将两部分粘在一起。把景天科多肉植物放在半球的下部。最后，在半球上面粘一个漂亮的蝴蝶结。

材料 Flowers & Equipments

景天科多肉植物

刀、蛋形泡沫塑料半球、扁平的花泥、粗麻布、胶枪＋热熔胶棒、订书钉、丝带、彩色鹌鹑蛋

材料技巧：试管＋水瓶＋棉球＋黏土——胶合＋塑型＋上釉

难度等级：★★★★☆

脆弱性

花艺设计 / 弗雷德·维拉赫

步骤 *How to make*

① 倒置的花泥球体造型是 600 多支装满棉球的试管用胶粘在一起制成的。在试管之间用胶粘大约 30 个细玻璃水瓶，然后在其中放入铁筷子。它们象征着生命的脆弱。

② 在插花上方悬在架子上的大脑是用黏土制成的，然后烘烤并用白漆釉上釉。大脑象征着多系统萎缩症（MSA，Multiple System Atrophy）这种疾病。只有一朵卷裹在灰烬中的铁筷子，用于描绘受影响的大脑神经细胞。

③ 澳洲草树带来绿色，是代表希望的色彩。两支蜡烛用于照亮作品，几个水滴形的玻璃花瓶在插花中模仿眼泪，栩栩如生。

④ 将该装置不对称地放置在白色基座上。

材料 *Flowers & Equipments*

铁筷子、澳洲草树
600 支试管管、棉球、30 个细玻璃水瓶、胶

材料技巧：金属丝 + 石蜡——编织 + 连接 + 粘合

难度等级：★★★★☆

触及天堂

花艺设计 / 米克·霍夫克

材料 *Flowers & Equipments*
日本四照花（干花）、山茱萸、铁筷子、素馨花
金属框架、金属丝、石蜡、试管

步骤 *How to make*

① 用细金属丝缠绕编织在金属框架内。确保铁丝的颜色与铁筷子搭配。同样，将不同的金属线水平松散地固定在框架之间，以使石蜡半球可以放在其上。在金属丝之间插入一些干燥的日本四照花球。

② 将花泥半球倒置在较高的花瓶上，并用不同层的塑料箔覆盖。箔纸本身可以以不同的长度从球体突出。然后将熔化的（稍冷却的）石蜡倒在箔纸上！重复几次，以获得良好的效果。从塑料箔中取出硬化的石蜡，在球体的底部倒入一些熔化的石蜡，并将球粘在水平的金属线上。

③ 将一些小试管浸入石蜡，放置并粘在半球内。将铁筷子和素馨花藤插入试管。在球体之中，您也可以粘贴一些浸过石蜡的日本四照花球。

材料技巧：树桩——钻孔 + 缠绕 + 胶合

难度等级：★★★☆☆

坚固树干上的纤弱铁筷子

花艺设计 / 马丁·默森

材料 Flowers & Equipments
树干、铁筷子、干燥的日本枫叶子、铁线蕨
棕色铝线（棕色粗铝线，棕色细铝线）、试管

步骤 How to make

① 在树桩上钻孔并插入足够长度、不同规格的试管。用细铝线缠绕在粗的铝线外面，扭曲造型，以模仿根系的形状。将它们随机地贴附在树桩上。

② 将细的棕色细铝线绕在几个试管上，然后在铝线外端上面粘上干燥的日本枫叶子。

③ 用不同色调的铁筷子插满试管，并插入一些铁线蕨，营造自然的效果。

材料技巧：柳枝＋树脂——缠卷＋编织＋塑型＋绑扎

难度等级：★★★★☆

在树脂中永生

花艺设计 / 卡蒂亚·吉尔梅特

材料 Flowers & Equipments
柳枝、铁筷子
树脂、球形玻璃花瓶、模具、相接的金属圈（作为支撑结构）

步骤 How to make

① 将柳枝打圈缠绕、编织并绑定到结构周围。
② 将树脂倒入模具中。将花朵放在树脂上，然后将剩余的树脂倒在花朵上，使其变硬，做成树脂中的压花。
③ 将玻璃花瓶固定在结构中。将不同种类的铁筷子绑在一起做成小花束，并将其放入花瓶中。将树脂压花固定在结构中，完成作品。

材料技巧：木板+柳枝——塑型+编织+钉合+缠卷

难度等级：★★★★☆

金枝梾木花朵中央的铁筷子

花艺设计 / 贝诺特·范登德里舍

材料 *Flowers & Equipments*

柳枝（或金枝梾木）、银芽柳、铁筷子

木板（以切成五个花瓣）、线锯、铁架子、钉枪及订书钉、小试管

步骤 *How to make*

① 在木板上画五个花瓣。然后用线锯将它们切出来。

② 用柳树枝交错成人字形覆盖花瓣。用钉枪固定它们。将五片叶子固定在铁架子上，然后将小试管插入中间的花泥中。

③ 将铁筷子插入所有试管，并用一些银芽柳绕圈装饰在铁筷子花周围。最后得到一朵巨大的铁筷子五瓣花。

EMC 专栏
春季创意
P.184

EMC（欧洲大师认证）的设计师向我们揭示了2020年春季的花艺主题和趋势，并向我们做出了解释。

P.187 FLOOS 专栏

FLOOS CHINA 是由西班牙知名花艺媒体公司 FLOOS 独家授权中国鹿石开发的专业类线上视频品牌。平台集聚了当今世界上最有影响力的花艺大师，以视频与图片为媒介，教授花艺师群体如何用高超技法进行优质花艺作品的创作并引导他们如何用设计全面观视角获取花艺创意。

撞色花环

花艺设计／芭芭拉·阿斯特布瑞

难度等级：★★★☆☆

步骤 *How to make*

① 将两块毛毡叠放一起。将金属绷子放在叠放的毛毡上。使用金属绷子作为图案，用记号笔沿绷子描画一个圆圈。将毛毡剪成比画出的圆圈大5cm。沿直线将圆剪成两半，使一半圆比另一半圆大一半。取一块剩余的毛毡，剪成45cm×5cm的两根毡条。

② 在绷子下方将大半圆和小半圆以不同的颜色拼接，做成一个毛毡圆绷。将它们用热熔胶粘在绷子上。重复制作第二个圆绷。将余下的胶条和热熔胶粘在内侧接缝上。将两个绷子放在一起，确保平整面朝外，并且两个颜色之间的接线平行。再将它们用热熔胶粘在一起扣住。

③ 将2根金属线绑在一起，长160cm。缠绕上蓝色毛毡。重复制作4根金属线，并用赭色毛毡缠绕。将蓝色毛毡条粘贴在毛毡圆绷的胶条处连接固定。弯曲蓝色金属线以形成拐杖形手柄。弯曲赭色金属线以形成半圆形，粘在长蓝色线悬垂的前面。用花艺冷胶将花材粘贴在圆绷上，完成作品。

材料 *Flowers & Equipments*

蓝色葡萄风信子、紫色重瓣早花郁金香、小苍兰

2个直径50cm的金属绷子、80cm×80cm泥土色纯羊毛毡、80cm×80cm淡紫色纯羊毛毡、蓝色羊毛毡条、赭色羊毛毡条、纸胶带卷、10条1.8mm×1m金属线、胶枪和热熔胶棒、记号笔

难度等级：★★★★☆

特殊的花环

花艺设计 / 奥里特·赫兹

材料 Flowers & Equipments

粉色花烛、多花兰、'海洋之歌'玫瑰、桃色洋桔梗、重瓣洋桔梗、白千层属植物、千穗苋、巴西肖乳香（粉红色果实）、柳树枝、肉桂枝

纸板、胶枪和热熔胶棒、拉菲草、2根直径1.5mm金属丝、纸绳、塑料管、0.25mm铜线、花艺冷胶、小试管

步骤 How to make

① 将2个碗倒置在纸板上。画两个27 cm和8 cm的同心圆圈。剪下这个圆环。随机切一些小木板片，然后将其粘贴到圆形纸板上以增加体量。

② 用拉菲草缠绕圆形纸板。将拉菲草用热熔胶粘合到纸板上。用纸绳缠绕2根直径1.5mm的金属丝。将其弯曲成半圈，然后用热熔胶粘在纸板上，形成手柄。将蜜香木用胶冷沾到圆上。

③ 切一些5cm长的红色和棕色的柳树枝条以及干燥的巴西肖乳香的粉红色果实。使用0.25mm的铜线绑扎制作下垂的条形结构。将结构穿过纸板中心并固定。

④ 将小试管外缠绕拉菲草，固定到花环及下垂的枝条上。最后插入花材。

难度等级：★★★☆☆

丰裕之角

花艺设计 / 阿纳玛·格雷戈斯

步骤 *How to make*

① 用 3mm 的金属丝创建 2 个螺旋形，每个长 1.5m。将两个螺旋形接在一起，形成螺旋结构。在木板的正面和背面钻 3 个孔，将 3 根金属丝插入孔中。将 3 根金属丝从木板的正面彼此缠绕在一起，形成一根结实的线，背面重复同样做法。将新形成的金属丝连接到木板正面和背面的双螺旋结构。

② 将爬山虎的树枝缠绕在金属丝结构周围。使用带铁丝的纸藤将树枝绑定到金属结构上。用热熔胶把苔藓粘在金属丝结构内部和外部以及试管周围。

③ 将花插入结构以获得植物仿佛在通气的通透感的效果。用白色羊毛盖住木板，使用喷胶并将岩盐粘贴在多层结构中。

材料 *Flowers & Equipments*

爬山虎、橙黄色花毛茛、黄色花毛茛、蓝色葡萄风信子、粉色杂交品种郁金香、白色铁筷子、常见的金发藓

3mm 金属丝、木板、钻、带铁丝的纸藤、热熔胶棒、试管、喷胶、白色羊毛、岩盐

FLOOS
the crafter's secret
—— 花艺视频中文版 ——

  FLOOS CHINA 是由西班牙知名花艺媒体公司 FLOOS 独家授权中国鹿石开发的专业类线上视频品牌。平台集聚了当今世界上最有影响力的花艺大师，以视频与图片为媒介，教授花艺师群体如何用高超技法进行优质花艺作品的创作并引导他们如何用设计全面观视角获取花艺创意。

  目前为止，FLOOS 花艺平台已完成了超过 400 个专业视频的录制与内容制作，且仍在不断的延展花艺专业内容的创作方向，以期给到花艺师群体多样性的教育体验。在此之上，FLOOS CHINA 将以鹿石完备的线上教育体系全面展现 FLOOS 优质花艺内容，将专业的力量投射到中国花艺师群体中。

材料技巧：硬纸板＋石蜡——塑型＋涂蜡＋绑扎

难度等级：★★★★☆

鲜花爆炸

花艺设计／马克斯·范·德·斯鲁伊斯

材料 Flowers & Equipments

黄色嘉兰、粉色嘉兰、花毛茛、黄色野菊花、长叶车前草、黄色郁金香、绿色波斯贝母、素馨花 直径1cm和2cm的试管、石蜡、硬纸板、蜡笔、花艺铁丝

步骤 How to make

① 从纸板上剪下几个圆环形状。小心地在纸板两面淋上石蜡。可以叠涂几层以获得所需的厚度。把每一个圆环连接到一块木头或厚纸板上，也淋上石蜡。向石蜡中加入有色的蜡或融化的蜡笔调出需要的颜色。你必须用黑色花艺铁丝把试管固定在涂了石蜡的底座上，使它们牢牢地固定在适当的位置。

② 作为第一个元素，先布置素馨花，使它们伸展出花束外。用先前固定在底座上的试管把其他花材放进去，为它们提供足够的水。调整花枝以创造动感和有趣的焦点区域。根据花的颜色和形状布置花，始终按花的和谐性分组。花材主要集中在结构的顶部。这些花材需按其自然形状进行布置。

设计师介绍
Designer Introduction

安·德斯梅特（Ann Desmet）
info@egelantier.be

安·德斯梅特（Ann Desmet）在比利时欧特根（Otegem）乡村的旧织布厂里拥有自己的花店和工作室"埃格兰蒂尔"（De Egelantier）。安的作品常为简洁、表又开门见山的插花。她的作品是有机的、自发的、没有过多的结构性思考。其作品（花艺装置和装饰品）常在大型的活动中展出，如：比利时国际花艺展（Fleuramour），比利时"冬季时光"主题花展（Winter Moments），根特园艺展（De Gentse Floraliën）等。

艾默里克·乔奇（Aymeric Chaouche）
aymeric.chaouche97@gmail.com

艾默里克·乔奇（Aymeric Chaouche），90后法国花艺师。他在法国里昂以高级花艺师身份毕业后，目前在比利时作为自由花艺设计师工作和生活。他喜欢在自然界中寻找灵感的来源，将自己的创造力运用在到天然材料上，玩转多种颜色和形状的组合。2021年1月，他将以比利时候选人的身份参加欧洲花艺技能大赛。

贝诺特·范登德里舍（Benoit Vandendriessche）
benoit.vandendriessche@outlook.com

贝诺特·范登德里舍（Benoit Vandendriessche）出生于比利时。22岁的他在父母的花店里长大，曾随比利时知名花艺师盖特·帕蒂（Geert Pattyn）工作，后者专门为大型活动、婚礼和公司打造原创的花艺理念。在贝诺特的观念中，花朵具有强大的力量，花象征着和平、浪漫和神秘。2017年至今，贝诺特多次获得包括比利时"冬季时光"主题花展（Winter Moments）等竞赛佳绩。

席琳·莫罗（Céline Moureau）
lespetitesideesdemity@gmail.com

席琳·莫罗（Celine Moreau）拥有比利时国立列日大学的艺术和考古学硕士学位，目前是比利时皮埃尔·斯普里蒙（Pierre de Sprimont）解说中心的馆长、策展人。她完成学业后在瓦茨伊沃花店（Vase Ivoir）工作了12年，之后决定学习花艺，并参加了比利时国际花艺展（Fleuramour）等比赛。她还为全球知名花艺杂志——《创意花艺》（Fleur Creatif）设计了诸多作品，并担任Fleur Magazine杂志的自由编辑。

弗雷德·维拉赫（Fred Verhaeghe）
freddy.verhaeghe@pti.be

弗雷德·维拉赫（Fred Verhaeghe）是比利时花艺师，2013年7月21日的比利时国王菲利普（King Filip）登基典礼期间，他为联邦议会做装饰设计工作，并在那里为玛蒂尔德王后、保拉王后和法比奥拉王后设计制作了花束。对弗雷德来说，花是生活中必不可少的一部分。在每种情景下，他都会尝试创作能表达情感的作品：适用于新生婴儿、生日、婚礼和场地装饰，以及适用于葬礼或纪念馆。花朵具有使人感到幸福或充满希望的力量，即使只是盛放的短暂时光。

盖特·帕蒂（Geert Pattyn）
geert_pattyn@telenet.be

"大自然为我的生活增色。生活中的一切都能激发我的灵感：材料、颜色、面料、人、自然、文化。尽管如此，这一切只为一个目的而服务——鲜花。"盖特·帕蒂（Geert Pattyn）是比利时著名的自营创业花艺设计师，他从事花艺设计已30余年。他曾在园艺学校和三个不同的花店接受花艺培训。在赫吕沃（Geluwe）有自己的工作室。盖特在国内和国际上都享有盛誉。他通过举办演示和讲习班、参加比赛和活动、与《创意花艺》（Fleur Creatif）杂志合作、出版著作等，将自己的知识传授给他人，并赢得了诸多忠实的客户赞许。对于盖特而说，花艺是一件充满乐趣的事业。"不仅我所做的设计很多样化，季节的变化亦让我发现植物的美轮美奂。他将自己的风格定义为纯净、简洁和自然。

卡蒂亚·吉尔梅特（Katia Gilmet）
katia.gilmet@gmail.com

卡蒂亚·吉尔梅特，70后自由花艺设计师。在比利时弗洛拉迪米花艺学校（Floradermy）学习了多位著名的花艺设计师的大师课程，这些大师包括：盖特·帕蒂（Geert Pattyn）、莫尼克·范登·贝尔赫（Moniek Vanden Berghe）、马克·德鲁德（Marc Derudder）、托马斯·布鲁恩（Tomas De Bruyne）、罗伯·普拉特尔（Rob Plattel）等。参加的花展包括：比利时国际花艺展（Fleuramour）、"冬季时光"主题花展（Winter Moments）、伯勒伊尔城堡花展（Castle of Beloeil）。她的设计也被多本图书、杂志收录出版。

马丁·默森（Martine Meeuwssen）
martine.meeuwssen@skynet.be

马丁·默森（Martine Meeuwssen）曾屡次在比利时国际花艺展（Fleuramour）举办的餐桌装饰和新娘捧花比赛中获得第一名。此外，她凭借最佳创作获得了2018年的"蒙根草之花艺大奖"。在2019年，她在荷兰肯肯道院花卉节（Blossoming Herkenrode）的地景和另类新娘捧花比赛中获得一等奖。马丁还是《创意花艺》（Fleur Creatif）杂志签约花艺师。"设计，创造和不断完善。"是她的座右铭。大自然的优雅是她一贯的灵感来源，并使她保持谦逊。

米克·霍夫克（Mieke Hoflack）
familie.de.wilde@telenet.be

米克·霍夫克（Mieke Hoflack），现居比利时布鲁日。曾在比利时麦尔市（Melle）成人教育中心学习了三年制花艺课程，比利时花艺大师伊万·波尔曼（Ivan Poelman）是她的导师。她曾参加比利时国际花艺展（Fleuramour）、荷肯修道院花卉节（Blossoming Herkenrode）等展会参展，并在花艺比赛的餐桌装饰和新娘捧花比赛中赢得多个奖项。她喜欢创作美丽而精致的花艺设计作品，并通过作品展示其背后的深层含义。她习惯于为作品写上一句话，来给设计画龙点睛。

莫尼克·范登·贝尔赫（Moniek Vanden Berghe）
cleome@telenet.be

莫尼克·范登·贝尔赫（Moniek Vanden Berghe），多才多艺如她，不仅有花艺设计师一重身份。曾在比利时埃克洛（Eeklo）艺术学院接受绘画、雕塑、陶瓷和图形设计的训练，在根特学习花艺设计，在马克·德鲁德（Marc Derudder）的指导下，打开了花艺设计的大门。
自1999年以来，她一直是 Fleur Creatif 的签约花艺设计师。在国际花艺活动中频频登场，世界各地的学校和组织纷纷邀请她来做课程和表演示。在此利时，她与一些同事创办了花艺学校：弗洛拉迪米（Florademy）。莫尼克以引领潮流的新娘捧花作品而闻名，并出版了 Flowers in Love 系列书。此外，她擅长通过花艺创作表达情感并使鲜花与人们共鸣，她的葬礼花艺著作 Flowers in the heart 和 Flowers in tears 是有力例证。她对造型、色彩、对比、纹理和结构的天赋使她的创作具有高度个性化、优雅和现代的风格。在自然界、织物、纸张、木材等材料中发现灵感、创造新的可能、与所有热爱自然的人分享，这是她不竭的创作动力。

拉尼·加勒（Rani Galle）
hello@rani.florist

拉尼·加勒（Rani Galle）是年轻的比利时花艺师，在父母的番茄农场长大，农场生活激发了她对自然的热爱。她在比利时科特赖克（Kortrijk）的园艺学校实习，掌握了花艺技术。19岁那年，她在比利时默莱贝克（Meulebeke）定居并创建了自己的花店。拉尼在学生期间参加过若干花艺比赛。现在她经常在花店旁边为客户组织花艺工作坊。她也不时为 Fleur Creatif 杂志设计创作花艺作品。

安尼克·梅尔藤斯（Annick Mertens）
annick.mertens100@hotmail.com

安尼克·梅尔藤斯（Annick Mertens）毕业于农学和园艺专业，2003年，她在比利时韦尔布罗克（Verrebroek）开设了自己的花店"Onverbloemd"，并在她位于比利时弗拉塞讷（Vrasene）的家中，每月组织一次花艺研讨会。她认为在舒适的环境中分享经验和教授技术至关重要！冬季，学生们用柴火炉做饭，夏季，他们可以在安尼克自己的花园玫瑰园里切玫瑰。学校放假期间，安尼克为孩子们提供鲜花活动营。她还是 Fleur Creatif 花艺杂志的签约设计师，多次参加比利时国际花艺展（Fleuramour）等花艺展会。

阿诺德·德尔海耶（Arnauld Delheille）
arnauld.delheille@gmail.com

阿诺德·德尔海耶（Arnauld Delheille）是来自比利时的年轻花艺师。他的作品得到了国内外媒体的高度评价。阿诺德在他的工作室及各地方，组织游学和讲习班。冬季与过也包括比利时国际花艺展（Fleuramour）、"冬季时光"主题花展（Winter Moments）、布鲁塞尔国际花展（Floralia Brussels）等花艺活动。2018年，他出版了自己的第一本书：l'atelier Arnauld Delheille，书中为居家提供40多种简约的、时尚的花艺作品。

尚塔尔·波斯特（Chantal Post）
chantalpost@skynet.be

尚塔尔·波斯特（Chantal Post）是充满热情的比利时花艺师。她20年前通过传统学习开始从事花艺创作，然后移居荷兰攻读硕士学位，之后，她回到比利时创立了自己的公司，举办各种私人和专业花艺活动，参加了许多展览。5年前，她开始教授专业的花艺师，并制作她的花艺展示和表演。她真正热衷的是制作架构、雕塑并用鲜花装饰它们。尚塔尔非常喜欢精确而精致的作品，每一种材料和花朵都可以表达自己。她是温暖可亲、人见人爱的迷人女士。

夏洛特·巴塞洛姆（Charlotte Bartholomé）
charlottebartholome@hotmail.com

夏洛特·巴塞洛姆（Charlotte Bartholomé），曾在根特的绿色学院学习了一年，与多位知名老师一起学习，如：莫尼克·范登·贝尔赫（Moniek Vanden Berghe）、盖特·帕蒂（Geert Pattyn）、丽塔·范·甘斯贝克（Rita Van Gansbeke）和托马斯·布鲁因（Tomas De Bruyne）。之后参加了若干比赛：比利时国际花艺展（Fleuramour）。曾在比利时锦标赛上获得第四名，之后与同事苏伦·范·莱尔（Sören Van Laer）一起在欧洲花艺技能比赛（Euroskills）中获得金牌。5年前，她在家里开了店。几年来，夏洛特一直是 Fleur Creatif 的签约花艺师。

乔里斯·德·凯格尔（Joris De Kegel）
joris.dekegel@meander.be

乔里斯·德·凯格尔（Joris De Kegel）是70后比利时花艺设计师，在根特高中学习花园和景观设计，后来转型成为了一名花艺设计师。
乔里斯不受趋势的波动影响，会跟随自己的内心创作作品。他的灵感来自随季节不断变化的色彩和花朵，以及古代和现代艺术。20年来，他在布鲁塞尔以北约25km的家乡莱德（Lede）经营着一家花店。他也经常应邀列席花艺比赛的评审团成员。